Pythonではじめる数学の冒険

プログラミングで図解する代数、幾何学、三角関数

Peter Farrell　著

鈴木 幸敏　訳

MATH ADVENTURES WITH PYTHON

AN ILLUSTRATED GUIDE TO EXPLORING MATH WITH CODE

BY PETER FARRELL

**no starch
press**

San Francisco

本書は多くのことを学ばせてくれた
生徒の皆さんに捧げます。

謝辞

　現実的な数学を学ぶということがいかに楽しく、難しいのかということを教えてくれたドン・「数学の人」・コーヘン（Don "The Mathman" Cohen）氏に感謝します。またシーモア・パパート（Seymour Papert）氏からは数学の授業の役に立つコーディング技法を教えて貰いました。マーク・ミラー（Mark Miller）氏は筆者のアイディアを実現する手助けをしてくれました。theCoderShcoolのハンセル・リン（Hansel Lynn）氏とウェイン・テン（Wayne Teng）氏のおかげで生徒たちも楽しくコーディングを続けることができました。ケン・ホーソーン（Ken Hawthorn）氏はこのプロジェクトを彼の学校で広めてくれました。No Starchの編集者であるアニー・チョイ（Annie Choi）氏、リズ・チャドウィック（Liz Chadwick）氏、メグ・スニーリンガー（Meg Sneeringer）氏のおかげで本書のクオリティがだいぶ改善されました。そしてパディ・ゴーント（Paddy Gaunt）氏からの指摘は本書のあらゆる場所に反映されています。これらの人々の協力なくしては本書は生まれていませんでした。また、本書に駄目出しをしてくれた人々にも感謝しています。おかげで根気よく本書を作成し続けることができました。最後にルーシー（Lucy）へ。いつも信じていてくれてありがとう。

はじめに

　図P-1を見てください。右と左ではどちらがわかりやすそうですか？ 左の図は昔ながらのやり方で数学を教える方法です。定義、命題があり、そして証明が続いています。ここには、不思議な記号がいくつも出てきます。この説明を見ても、これが幾何図形を表しているなどとは想像もつかないことでしょう。実のところ、これは三角形のセントロイド（重心）を見つけるためのものです。しかしこのような昔ながらの方法では、そもそも**なぜ**三角形の重心を見つけることが重要なのかということがわかりづらくなっています。

図P-1　セントロイドを説明する2つのアプローチ

　右側の図は回転する数百個の三角形を描いたものです。これはプログラムの課題と

してはなかなか難しいもので、正しく（かつ見栄え良く）回転する三角形を描こうとすると、三角形の重心が必要になることがわかります。たとえばクールなグラフィックを作りたいのであれば、たいていは幾何学に隠された数学の知識が必要不可欠です。本書を読み進めることで、たとえばセントロイドのような三角形の知識が少しでもあれば簡単に自分の好きなアートワークを作ることができることがわかるようになっています。数学を知っていてデザインセンスもある生徒は、平方根や三角関数に出くわしても我慢しつつ、幾何学をピンポイントで詳しく調べてうまく使いこなしているようです。一方で結果を出せず、教科書から出された課題だけをこなすような生徒の場合、おそらくは幾何学を学ぶというモチベーションがそれほどないのでしょう。

　8年間の数学教師と3年間のコンピュータサイエンスの教師の経験において、数学を学ぶ人々の中でも筆者が出会った多くの人たちはアカデミックな方法よりもビジュアルなアプローチの方が好みだと言っていました。何か面白いものを作ろうとすれば、数学は単に方程式を解くためだけのものではないことがわかるでしょう。プログラミングとともに数学を学ぶことによって、興味深い問題をさまざまな方法で解くことができたり、思いも寄らない失敗をしたり、時には改善方法を思いついたりすることでしょう。

　これが学校教育における数学と現実世界の数学との違いです。

学校教育における数学の問題点

　では「学校教育における数学」とは何でしょうか？ 1860年代のアメリカにおいて、学校教育における数学とは数字の列を指折り数えるような事務職に就くための準備をするためのものでした。しかし今日では職業そのものが違ってきていますので、当然必要になる準備も変化しています。

　人が学習をする際、最も効率的なのは実際に手を動かすことです。ただしこれは学校で出される日々の宿題とは違います。宿題はどちらかといえば受動的な学習です。英語や歴史の授業における「手を動かす」ことというのは生徒に論文を書かせたりプレゼンテーションを発表させたりすることで、科学を学ぶ生徒であれば実験をすることになるでしょう。それでは数学を学ぶ生徒は何をしたらいいのでしょう？ これまでの数学の授業における「手を動かす」こととは、一生懸命に方程式を解いたり、多項式の因数分解をしたり、関数のグラフを描くことくらいしかないと考えられていました。しかし現代ではこういった計算はすべてコンピュータが代わりに実行してくれるので、もはやこれらの課題は有効だとは言えません。

　自動的に式を解いたり、因数分解したり、グラフ化したりする方法を学ぶことだけが最終目的ではありません。処理を自動化する方法を学習してしまえば、これまで手を付けられなかったような難しい課題にも取り組むことができるようになるのです。

　図P-2は教科書でよく見かけるような数学の課題で、関数「$f(x)$」を定義しておいて、そこへいくつものの値を代入して得られる結果を計算しなさいというものです。

課題1-22　次の関数について、それぞれの関数の値を計算せよ。

$$f(x) = \sqrt{x+3} - x + 1$$
$$g(t) = t^2 - 1$$
$$h(x) = x^2 + \frac{1}{x} + 2$$

1. $f(0)$
2. $f(1)$
3. $f(\sqrt{2})$
4. $f(\sqrt{2}-1)$

図P-2　関数を学習する伝統的な方法

　同じような問題がまだあと10個も20個も続きます！ この問題はPythonのようなプログラミング言語であれば簡単に解けます。まず関数f(x)を定義して、そこへ以下のようにして値を指定していくだけです。

```
import math

def f(x):
    return math.sqrt(x + 3) - x + 1

# 代入する値のリスト
for x in [0, 1, math.sqrt(2), math.sqrt(2) - 1]:
    print("f({:.3f}) = {:.3f}".format(x, f(x)))
```

　一番最後の行は値を小数第3位で丸めて見やすく表示させるためのコードで、以下のような結果になります。

```
f(0.000) = 2.732
f(1.000) = 2.000
f(1.414) = 1.687
f(0.414) = 2.434
```

PythonやJavaScriptやJavaなどにおいて、関数とは数字やオブジェクト（プログラミングにおいて対象となるものを表す概念）、さらには別の関数さえも変形させることができる、必要不可欠なツールです。Pythonの場合、関数には名前を付けることができるので、何が行われているのかわかりやすくできます。たとえば四角形の面積を計算するcalculateArea()関数は以下のように定義できます。

```
def calculateArea(width, height):
```

ブノワ・マンデルブロ（Benoit Mandelbrot）がIBMで働いていたときに有名なフラクタル図形をコンピュータで描きましたが、それから数十年経った21世紀に刊行されている数学の教科書には、マンデルブロ集合の写真が掲載されることも珍しくありません。ある教科書では、**図P-3**のようなマンデルブロ集合の絵とともに、「複素数から派生した魅力的な数学的オブジェクト。このきれいな境界線はカオス的な振る舞いをとる。」と説明されています。

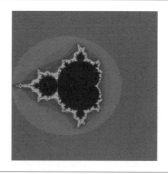

図P-3　マンデルブロ集合

そしてこの教科書では、複素平面上の1点がいかに変換されるのかということを通して、熱心な「探究」に導いています。しかし生徒からすれば単にコンピュータ上での実現方法を知りたいだけ、つまり2つの点を（7回走査することによって）有限時間内に変換できるということを知りたいだけなのです。

本書ではPythonを使って計算方法を説明しています。何千何万もの点を自動的に変形するプログラムの作り方や、さらには上にあるようなマンデルブロ集合の作り方さえも学ぶことができます！

本書について

本書はプログラミングツールを使用して数学を楽しく、身近なものとすることを目的としています。中には難しい問題もあります。関数から返される値をすべてグラフとして表示させる課題や、動的かつインタラクティブなアートワークを作成する課題もあります。さらには、歩き回ったり牧草を食べたり、子供を産んだりする羊がいるようなエコシステムを作成したり、視野内にある複数の集落の中から最短経路を見つけ出そうとするような仮想的な生命体を作成するようなものまであります！

いずれも、PythonとProcessingを使うことで数学の授業がもっと面白くなるようにしています。本書は数学の学習を省くためのものではありません。そうではなくて、最新のツールを使って数学とアートと科学とテクノロジーとの間にある結びつきに気づけるようにすることで、創造性を高めたり、実用的なコンピュータスキルを身につけられるようにしています。Processingは図形やグラフィック、モーション、配色などの機能について担当し、Pythonは計算や命令の処理を担当します。

本書にあるプロジェクトではそれぞれ、章ごとにコードを白紙の状態から作り上げていきます。つまり空のファイルを作成し、各手順における処理を確認しながら作業を進めることになります。失敗をしたり、プログラムをデバッグしたりする経験を経ることによって、それぞれのコードが何をするためのものなのか理解できるようになっているというわけです。

本書が対象とする読者について

本書は数学を勉強したい人、あるいは三角法や代数といった数学のテーマに対してモダンなツールを使ってアプローチしたい人を対象にしています。Pythonを勉強中ということであれば、セルオートマトンや遺伝的アルゴリズム、コンピュータアートといった応用的なプログラミングスキルの習得に役立たせることができるでしょう。

教師の立場であれば、本書のプロジェクトを生徒への課題としたり、数学の授業をもっとわかりやすく実のあるものにすることに役立つでしょう。行列とは何かということを説明する際に、多数の座標を行列として保存しておき、それらを使って3D図形を

描画させる方が理解も早いと思いませんか？ Pythonのスキルがあれば簡単に実現できるだけでなく、もっと複雑なことも可能です。

本書に含まれる内容について

本書はまず、数学を詳しく探究していく際に役立つような、Pythonの基本機能を説明する章が3つあります。その後の9つの章では、PythonやProcessingを使いながら、数学のコンセプトや問題を追求しています。また、本書内にちりばめられた課題をこなすことによって、学習内容の復習や、応用問題へ活用することもできます。

1章　turtleモジュールを使って多角形を描く

Pythonの組み込みモジュールturtleを使って、ループや変数、関数といったプログラミングの基礎を学習します。

2章　退屈な計算をリストとループで楽しくしよう

リストや真偽値といったプログラミングコンセプトを詳しく見ていきます。

3章　条件分岐を使って予想・確認する

これまで学習してきたPythonスキルを応用して、因数分解をしたり、数当てゲームを作成したりします。

4章　代数を使った数の変換や保存

単純な方程式を解くところから始めて、3次元方程式を数値的に解いたり、グラフにして解いたりします。

5章　幾何学で図形を変換する

図形を描く方法や図形を拡大する方法、回転させる方法、画面一面に表示させる方法を説明します。

6章　三角関数で振動を作る

直角三角形を応用して、振動のパターンや波を作成します。

7章　複素数

複素数を使って画面上の点を移動させたり、マンデルブロ集合のような図形を描いたりします。

8章　コンピュータグラフィックスや方程式の解法に行列を応用する

3次元の世界に入り込み、3次元画像を回転させたり、巨大な方程式を解くようなプログラムを作ります。

9章　クラスを使ったオブジェクトの作成

1つのオブジェクトを作る方法、あるいはコンピュータが処理しきれるだけ多くのオブジェクトを作成して、羊がおいしそうな牧草を競って食べるようなプログラムを作成します。

10章　再帰を使ってフラクタルを作る

再帰を使うことによって、まったく新しい方法で距離を計算して、思いがけないような結果が得られることを紹介します。

11章　セルオートマトン

特定のルールに従って動くようなセルオートマトンを生み出すプログラムを作成します。

12章　遺伝的アルゴリズムで問題を解く

自然選択の定理を応用して、長年人々が解決できなかった問題を解くための手がかりをつかみます。

Pythonのダウンロードとインストール

本書を読み始めるにあたって、一番簡単に環境を整えるためには、https:///www.python.org/ から無料で配布されている Python 3をインストールします。Pythonは世界でも有数の、ユーザー数が多いプログラミング言語です。Google や YouTube、Instagram などのような Web サイトを作るだけでなく、天文学から動物学まで、幅広い分野の研究者たちも Python を使っています。本書の執筆時点における Python の最新バージョンは3.7です[*1]。https://www.python.org/downloads/ をブラウザで開き、**図P-4**のように表示されたページから Python 3をダウンロードしてください[*2]。

[*1] 訳注：2020年10月の時点では3.9が最新です。スクリーンショットは3.9で撮り直しています。

[*2] 訳注：黄色の Download ボタンを押すと、64ビット版 Windows 用の Python がダウンロードされます。32ビット版 Windows 用の Python は Windows のリンク先からダウンロードできます。

図P-4　Pythonソフトウェア財団の公式Webサイト

使用しているOSに合った、さまざまなバージョンのPythonをダウンロードできます。筆者の場合、Windowsを使っているとサイトに認識されました。**図P-5**のようにダウンロードが完了したら、ファイルをクリックします。

図P-5　ダウンロードファイルをクリックしてインストールを開始

インストール先を選択した後は、デフォルトのままインストールを進めます。インストールには少し時間がかかりますが、インストールが完了したらスタートメニューから「IDLE」を検索してみてください。これはPythonの統合開発環境（IDE：integrated development environment）で、このツールを使ってPythonのプログラムを作成できます。「IDLE」の名前の由来が気になりますか？ Pythonはコメディグループ「Monty Python」から名前をとったプログラミング言語で、このメンバーの一人がEric Idleだからです。

IDLEを起動する

IDLEを起動すると「シェル」（shell）と呼ばれる画面が表示されます。

図P-6 Windows で IDLE を起動する

このウィンドウを使うと対話的にコードを作成できますが、コードを保存したい場合もあるでしょう。その場合には ［File］－［New File］メニューか、CTRL＋Nキーを押せば、ファイル編集ウィンドウが表示されます（**図P-7**）。

図P-7 Pythonのインタラクティブシェル（左）とモジュール（ファイル）の新規作成ウィンドウ。コードを書く準備ができました！

これらのウィンドウにPythonコードを記述していきます。また、本書ではProcessingも使いますので、続いてProcessingのダウンロードとインストール手順を説明します。

Processingのインストール

Pythonを使うとさまざまなことができるので、IDLEを多用することになります。しかし画像に大きく依存するような処理をする場合、本章ではProcessingを使います。Processingは動的でインタラクティブなアート作品や画像を作り出すことができる、プログラマもアーティストも使っているプロレベルの画像ライブラリです。

https://processing.org/download/ を開いて、**図P-8**のようにOSを選択します。

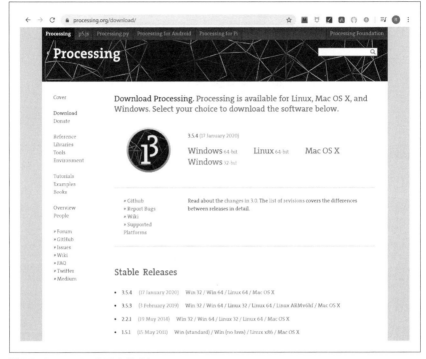

図P-8　ProcessingのWebサイト

　リンクをクリックしてOS個別のインストーラをダウンロードした後、手順に従って
インストールを進めます。Processingを起動するには、アイコンをダブルクリックしま
す。デフォルトのモードはJavaになっているので、**図P-9**にある通り、Javaのところを
クリックしてドロップダウンメニューを開き、[モードの追加...]を選択します。

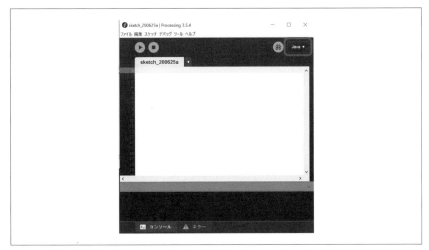

図P-9 本章で使用するPythonモードなど、さまざまなProcessingモードを追加するための場所

[Python Mode for Processing 3]を選択して[Install]を押します。インストールには1〜2分かかりますが、それが終わるとProcessingでPythonコードを書けるようになります。

訳者補

Processingで日本語入力をすると、そのままでは文字化けしてしまいます。[ファイル]-[設定]から「エディタとコンソールのフォント」でフォントを変更すれば、日本語が表示できるようになります。

以上でPythonとProcessingのセットアップが終わりました。ではいよいよ数学の探究を始めましょう！

NOTE 原著のサンプルコードはhttps://github.com/hackingmath/Math-Adventures/からダウンロードできますが、GitHubのコードと本書掲載のコードは異なる場合があります。

目次

Ⅰ部
Pythonを始めよう!

II部
数学の地に踏み込む

4章　代数を使った数の変換や保存 67

5章　幾何学で図形を変換する 97

III部
これまでの学習内容の発展

I部
Python を始めよう！

turtleモジュールを使って
多角形を描く

> 数百年も昔、世界はカメの背中に乗っかっているのだと言うヒンドゥー教徒にとある西洋人が出会った。ではカメは何の上に立っているのかと尋ねれば、かの人曰く「カメはカメの上に、それがずっと続くのだ」とのことであった。

　本書で説明しているいろいろなものに手をつけ始めるより先に、まずはPythonというプログラミング言語を使ってコンピュータに命令する方法を学ぶ必要があります。この章ではPythonの組み込みモジュールturtleを使ってさまざまな図形を描くことで、ループや変数、関数といったプログラミングの基礎知識を学習します。後で説明しますが、turtleモジュールはPythonの基本機能を学習するにはうってつけで、プログラミングで何ができるのかを見通すことができるはずです。

1.1　Pythonのturtleモジュール

　Pythonのturtleはプログラミング言語Logoで発明された、コンピュータの指示を実行するカメ（これをタートルエージェントと言います）が元になっています。この言語は1960年代に作られた言語で、コンピュータプログラミングが誰にでもできるようにするためのものでした。Logoのグラフィカルな環境は、コンピュータとの対話を視覚的で魅力的なものにしました。（Logoの仮想的なカメを使って数学を学ぶという非常に優れたアイディアの詳細が知りたければ、シーモア・パパート（Symour Papert）氏の名著『*Mindstorms*』[*1]を参照してください）。Python言語の作者たちもLogoのカメがお気に入りだったので、Logoのturtleの機能をコピーする形でPythonにもturtleという名前でモジュールを用意したというわけです。

　Pythonのturtleモジュールを使うと、TVゲームのキャラクターのような小さなカ

[*1]　訳注：邦題『マインドストーム──子供、コンピューター、そして強力なアイデア』奥村貴世子訳、未来社、1995

メみたいな絵をコントロールできます。このカメに対して、画面上を動かすための命令をしていくことになります。カメは移動するたびに足跡を残していくので、この足跡を使っていろいろな形を描くことができるのです。

ではturtleモジュールをインポートする（取り込む）ところから始めましょう！

1.1.1　turtleモジュールをインポートする

まずIDLE上で新しいPythonファイルを開いて、Pythonフォルダ内にmyturtle.pyという名前で保存します[*1]。そうすると空のページが表示されます。Pythonでturtleモジュールの機能を使うには、このモジュール内の関数をインポートする必要があります。

関数というのは、プログラム内で特定の動作をさせるための、再利用可能な一連のコードのことです。Pythonにはさまざまな定義済みの関数（組み込み関数）がありますが、自分で関数を作成することもできます（関数の作成方法はこの章で後ほど説明します）。

Pythonのモジュールとは、別のプログラムで使用できる、あらかじめ定義された関数や文（ステートメント）が含まれたファイルのことです。たとえばturtleモジュールにはPythonをインストールした時点で自動的にダウンロードされた、便利なコードが多数含まれています。

関数はさまざまな方法でモジュールからインポートできますが、ここでは簡単な方法を採用します。先ほど作成したmyturtle.pyの先頭で以下のように入力します。

```
from turtle import *
```

fromコマンドを使うと、何かしらの機能をファイルの外側からインポートすると示すことができます。続けて、インポートの対象にしたいモジュール名を指定します。今回の場合はturtleです。そしてturtleモジュール内の便利なコードを使えるようにするために、importキーワードを指定します。importにはアスタリスク（*）を続けていますが、これはワイルドカードコマンドで、「このモジュールからすべての機能

[*1]　訳注：Pythonフォルダ内にPythonファイルを保存する方法は一般的ではありません。Pythonのインストール時に「環境変数へ追加」のオプションをチェックしてインストールするか、環境変数PATHにPythonのインストールフォルダを追加します。さらにmyturtle.pyファイルを保存したフォルダを環境変数PYTHONPATHに追加しておくと、そのフォルダに保存した.pyファイルを実行できるようになります。

をインポートします」という意味になります。importキーワードとアスタリスクの間に半角スペースが必要なことに注意してください。

　ファイルを保存して、Pythonフォルダ内にファイルが作られていることを確認してください。もし違うフォルダに保存してしまうと、プログラムを実行してもエラーになってしまいます。

WARNING　ファイルの名前をturtle.pyにしないでください。この名前のファイルは既に存在しています。また、turtleモジュールをインポートしようとしたときにエラーが起こるようになります！ myturtle.pyやturtle2.pyやmondayturtle.pyのように、違う名前であれば何でもかまいません。

1.1.2　カメを動かす

　ここまででturtleモジュールがインポートできたので、カメを動かす命令を入力する準備が整いました。forward()関数（省略形はfd）を使うと、足跡を残しながら特定の歩数分だけカメを前に歩かせることができます。ちなみにforward()はturtleモジュールからインポートした関数のうちの1つです。次のコードを入力してカメを前に進ませましょう。

```
forward(100)
```

　ここではforward()関数の括弧の中に100と入力して、カメがどのくらいの歩数前進するかを指定しています。すべての関数は0または1つ以上の引数をとります。別の数字を入力するとどうなるか、是非試してみてください。F5キーを押してプログラムを実行すると、新しいウィンドウが表示されて、**図1-1**のような矢印が描かれているはずです。

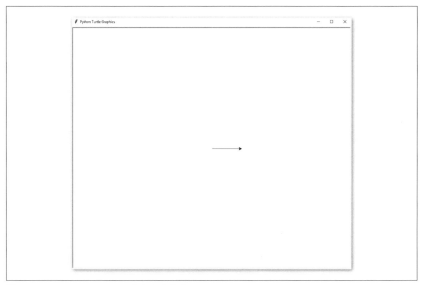

図1-1　はじめてのコードの1行目を実行中！

　見てわかる通り、カメは画面の中央を起点にして、100歩進みます（ちょうど100ピクセルです）。なお標準の形はカメではなくて矢印になっていることと、初期状態では右側を向いていることがわかると思います。矢印をカメの形に変えるには、次のようなコードに書き換えます。

myturtle.py

```
from turtle import *
forward(100)
shape('turtle')
```

　実のところ、このshape()もturtleモジュールに定義されている関数です。この関数を使うと、デフォルトの矢印を丸や四角、矢印などの別の形に変更できます。上のコードではこの関数に数字ではなく、'turtle'という文字の値を指定しています（文字とそれ以外のデータの型の違いについてはこの章で後ほど説明します）。ファイルを保存して再度myturtle.pyを実行してみましょう。**図1-2**のようになっているはずです。

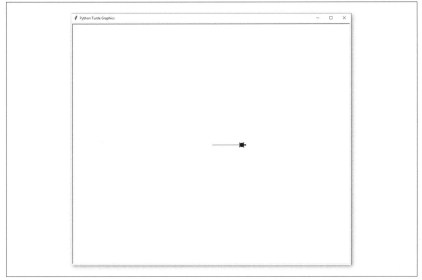

図1-2 矢印をカメに変更！

見事に矢印を小さなカメのような形に変えることができました！

1.1.3 向きを変更する

カメは向いている方向にしか移動できません。カメの向きを変えるには、まず right() か left() 関数を使ってどのくらいの角度回るのか指定して、それから前進することになります。myturtle.pyの末尾に以下のような2行を追加してみましょう。

myturtle.py

```
from turtle import *
forward(100)
shape('turtle')
right(45)
forward(150)
```

ここでは right() 関数（あるいは省略して rt()）を使って45度右方向に回転させた後、150歩前進させています。このコードを実行すると**図1-3**のようになります。

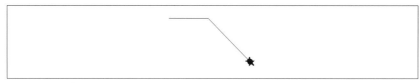

図1-3 カメの向きを変更

このように、カメは画面中央から動き始めて、100歩前進し、45度右に曲がり、さらに150歩前進します。Pythonはコードを書いた順番、つまり上から下の順で実行していることに注意してください。

課題**1-1** スクエアダンス

myturtle.pyに戻りなさい。まず最初の課題として、forward()とright()関数だけを使って、カメが四角形を描くようにコードを変更しなさい。

1.2 ループを使ってコードを繰り返す

すべてのプログラミング言語には、決められた回数だけコマンドを自動的に繰り返す機能が備えられています。これは非常に便利な機能で、同じコードを何度も入力する必要がなくなるのでプログラムがすっきりとします。また、プログラムの実行エラーを起こすような入力ミスも減らすことができます。

1.2.1 forループを使う

Pythonではforループを使ってコードを繰り返すことができます。ループの繰り返し回数はrangeキーワードで指定できます。IDLEで新しいファイルを開いて、以下の内容を入力した後にfor_loop.pyという名前で保存してください。

for_loop.py

```
for i in range(2):
    print('hello')
```

このコードではrange()関数により、ループのたびにi（あるいは**イテレータ**）が作

られます。イテレータとは、ループ処理を抽象化するための機能で、ループの対象になっている複数のデータのうち、現在のループにおいて処理の対象となっているデータを指す値のことです。括弧内の2はこの動作を制御するための引数です。前のセクションでforward()やright()にいろいろな値を指定できたことと同じようなものです。

　今回の場合、range(2)とすると0と1という値が作られます。forコマンドはこの値それぞれに対して、コロン以降に指定された動作、つまりここではhelloという画面表示を繰り返します。

　なお、繰り返し実行したいコードはすべてタブキー（半角スペース4つ）を使ってインデントしておく必要があることに注意してください。インデントを使うと、どのコードがループの中にあるのかをPythonが識別できるようになり、forコマンドが正しくコードを実行できるようになるというわけです。また行末のコロンも忘れないようにしてください。コロンを入力することで、次の行からはループ中のコードがありますよということをコンピュータに伝えることができます。プログラムを実行するとシェル上には以下のように表示されます。

```
hello
hello
```

　このように、range(2)とすると0と1という2つの数字の列（シーケンス）が作られるため、helloが2回表示されます。つまりforコマンドはこのシーケンス内の2つの要素それぞれに対して、毎回helloと出力したというわけです。括弧内の数字を以下のように変更してみましょう。

for_loop.py

```
for i in range(10):
    print('hello')
```

　このプログラムを実行すると、以下のようにhelloが10回出力されます。

```
hello
hello
hello
hello
hello
hello
```

```
hello
hello
hello
hello
```

この先で何度も for ループを書くことになるので、もう1つテストしておきましょう。

for_loop.py

```
for i in range(10):
    print(i)
```

Pythonでは1ではなくて0からカウントが始まるので、「for i in range(10)」とすると0から9までの数字が使えます。このコードは「0から9までの範囲にあるそれぞれの数字に対して、現在の数字を画面に表示しなさい」というものです。そして for ループは範囲内の数字がなくなるまで、繰り返しコードを実行します。このコードを実行すると以下のように表示されます。

```
0
1
2
3
4
5
6
7
8
9
```

将来的には i が0から始まって、rangeで指定した値の1つ前までで終わるということを覚えておく必要がありますが、今のところはたとえば4回繰り返したい場合には以下のようにすればいいということだけを覚えておいてください。

```
for i in range(4):
```

簡単でしょう？では実際に活用してみましょう。

1.2.2 forループを使って四角形を描く

課題1-1は、forward()とright()だけで四角形を描けというものでした。これはforward(100)とright(90)を4回繰り返すというのが答えでした。しかしこれでは同じコードを何度も入力しないといけないため、時間がかかる上に入力ミスも多くなりがちです。

そこで、forループを使って同じコードを書かずに済ませられるようにしましょう。以下のmyturtle.pyプログラムでは、forループを使うことでforward()とright()を4回繰り返さずに済ませています。

myturtle.py

```python
from turtle import *
shape('turtle')
for i in range(4):
    forward(100)
    right(90)
```

shape('turtle')がturtleモジュールのimport直後、移動開始前に実行されるようにしていることに注意してください。forループ内の2行はカメを100歩前進させて90度右に回転させるものです。(どちらが「右」なのかはカメと同じ気持ちになって考える必要があります！)四角形には辺が4つあるため、これら2行のコードを4回繰り返すようにrange(4)としています。プログラムを実行すると**図1-4**のようになります。

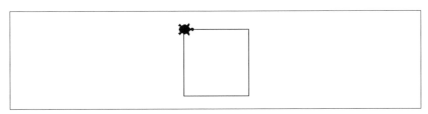

図1-4 forループで作った四角形

カメが前進して右に曲がるという動作を4回繰り返して、最終的にはスタート地点に戻るという動作をすることがわかると思います。これでforループを使って四角形が描けました！

1.3　関数を作ってショートカットする

　ここまでの手順で四角形を描くコードを作成できたわけですが、このコードを再び
使って、必要なときにいつでも四角形を描けるような魔法のことばとして保存できるの
です。これはすべてのプログラミング言語に用意された機能で、Pythonでは**関数**と名
付けられています。関数はプログラミング言語の機能の中でもとりわけ重要なものの
1つです。関数を使うと、コードを簡潔かつメンテナンス性の高いものにできます。ま
た、問題を関数として分割することによって、一番適した解決方法が見つかりやすくな
るという利点もあります。これまでの説明においても、turtleモジュールに用意され
ていた、組み込み関数をいくつか使用しています。このセクションでは、独自の関数を
定義する方法を説明します。

　関数を定義するには、まずその名前を決める必要があります。この名前はPythonの
キーワード、つまりlistやrangeなどでなければどんなものでもかまいません。関数
の名前を付ける際には、その関数を後で使おうとしたときにどんな用途のものだったの
か、簡単に思い出せるようなわかりやすいものにしておくとよいでしょう。今は四角形
（square）を描く関数square()という名前にしましょう。

myturtle.py

```
def square():
    for i in range(4):
        forward(100)
        right(90)
```

　defコマンドを使うと、これから関数を定義しますよということをPythonに伝
えることができます。このコマンドに続く文字列が関数の名前になります。つまり
square()という関数になります。名前の後の括弧を忘れないように注意してくだ
さい！これはPythonにおいて、関数を扱っていますよというサインになっています。
後で括弧内に値を追加する予定ですが、たとえ値がまったく入っていない場合でも、
Pythonがこのコードを関数だと認識できるようにするために括弧を記述する必要があ
ります。また、関数定義の行末にあるコロンも忘れてはいけません。関数内のコードを
すべてインデントすることによって、どのコードが関数の中にあるのかをPythonに伝
えているわけです。

　このプログラムを実行しても何も起こりません。関数を定義しましたが、この関数

を実行するようなプログラムを作っていないからです。この関数を動かすためには、myturtle.pyの中で、関数を定義したコードよりも後ろで関数を**呼び出す**必要があります。**例1-1**のようにコードを入力してください。

例1-1 ファイルの末尾でsquare()を呼び出す　　　　　　　　　　　　**myturtle.py**

```
from turtle import *
shape('turtle')
def square():
    for i in range(4):
        forward(100)
        right(90)
square()
```

このように、ファイルの末尾でsquare()関数を呼び出すようにすれば、プログラムが思った通りに実行されるはずです。これで、関数を定義したコードより後ろの位置であればいつでも四角形を描くことができるようになりました。

この関数をループ内で呼び出すと、さらに複雑な図形を描くことができます。たとえば四角形を描いた後、少し右に回転し、再度四角形を描き、さらに右に回転するということを何度も繰り返すには、ループの中で関数を呼ぶようにすればいいわけです。

次の課題は四角形を使った、不思議な図形を描く方法です。カメにこの図形を描かせるには少し時間がかかりすぎるので、shape('turtle')の後にspeed()関数を追加して、カメの速度を上げるとよいでしょう。speed(0)とするとカメは最速で移動しますが、speed(1)とすると一番遅いスピードになります。speed(5)やspeed(10)といった値を試してみるのもよいでしょう。

課題1-2　四角形による円

60個の四角形をそれぞれ5度ずつ右にずらしながら描くような関数を作成して実行しなさい。ループを使ってください！最終的には以下のような図が描かれるはずです。

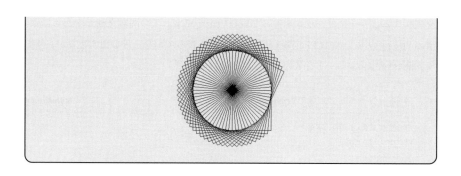

1.4 変数を使って図形を描く

これまではどの四角形も同じサイズでした。サイズの違う四角形を作るには、それ
ぞれの辺を描くときにカメが移動する距離をいろいろな値にすればよいはずです。違う
サイズの四角形を描く関数をそれぞれ定義する代わりに、**変数**を使うとよいでしょう。
Pythonにおいて、変数とは後から変更可能な値のことを表します。これはたとえば代
数におけるxが等号によって後から値を変えられることと似ています。

数学の授業では変数は1文字だとしていましたが、プログラミングにおいては変数の
名前に長さの制限はほとんどありません！ 関数と同じように、コードを読んだ際にそれ
が何を表しているのかわかりやすいような名前にするとよいでしょう。

1.4.1 関数内で変数を使う

関数を定義する際、括弧内に変数を記述すると、それが関数の引数になります。た
とえばmyturtle.py内のsquare()関数を以下のように変更すると、決まったサイズの
四角形ではなく、任意のサイズの四角形を描けるようになります。

myturtle.py

```
def square(sidelength):
    for i in range(4):
        forward(sidelength)
        right(90)
```

ここではsquare()関数の定義にsidelengthを追加しています。このようにする
と、この関数を呼び出すときに、引数と呼ばれる値を括弧の中に指定しなければいけな
くなります。また、括弧内で指定された値がsidelengthと書かれた場所で使われる

ことになります。たとえばsquare(50)およびsquare(80)として呼び出すと**図1-5**のようになります。

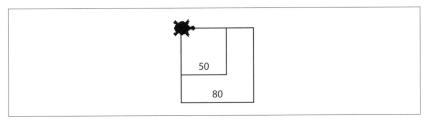

図1-5 sidelengthが50と80の四角形

変数を使って関数を定義すると、関数定義を毎回書き換えることなく、さまざまな値を使ってsquare()関数を呼び出すことができるようになります。

1.4.2 変数エラー

たとえばここで関数の括弧に変数を追加し忘れたとすると、以下のようなエラーが起こります。

```
Traceback (most recent call last):
  File "C:/Something/Something/myturtle.py", line 7, in <module>
    square()
  File "C:/Something/Something/myturtle.py", line 5, in square
    forward(sidelength)
NameError: name 'sidelength' is not defined*1
```

このエラーの通り、sidelengthという値がどこにもないので、Pythonはどのくらいのサイズの四角形を描けばいいのかわからないと言っています。このエラーを避けるには、以下のようにして関数定義の1行目で、辺の長さのデフォルト値を設定します。

```
def square(sidelength=100):
```

ここではsidelengthのデフォルト値を100にしました。したがって、squareに続く括弧内で値が指定された場合にはその長さの四角形が描かれますが、括弧内を空にした場合はsidelengthがデフォルト値100になり、エラーも起こりません。更新

---

*1 訳注:「名前'sidelength'は定義されていません」という意味です。

後のコードを以下のようにして呼び出すと、**図1-6**のようになります。

```
square(50)
square(30)
square()
```

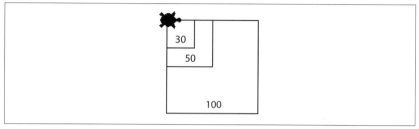

図1-6　デフォルトのサイズ100とサイズ50とサイズ30の四角形

　このようにデフォルト値を設定することによって、何か呼び出し方に問題があった場合でもエラーを起こさずに済ませることができます。こういった、プログラミングのエラーを起こりづらくする手法をプログラムを**堅牢 (robust) にする**と言います。

課題**1-3**　再三チャレンジ

「辺の長さ」を指定して三角形を描く関数 triangle() を作成しなさい。

1.5　正三角形

　正三角形は3つの辺の長さが等しい、特別な種類の**ポリゴン**（多角形）です。正三角形は**図1-7**のような形をしています。

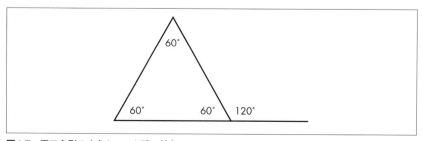

図1-7　正三角形の内角と、1カ所の外角

正三角形の内角はいずれも60度です。幾何学の授業で習った「三角形の内角の和は180度」という規則を思い出してください。実際、この規則は正三角形だけでなく、すべての三角形に当てはまります。

1.5.1　triangle()関数を作成する

これまでに習得した、カメの足跡を描く機能を使って三角形を描く関数を作成していきましょう。正三角形の内角はそれぞれ60度なので、square()関数にあったright()の引数を以下のように60へ変更すればよさそうです。

myturtle.py

```
def triangle(sidelength=100):
    for i in range(3):
        forward(sidelength)
        right(60)

triangle()
```

ところがこのプログラムを実行してみても三角形になりません。**図1-8**のような図形になっているはずです。

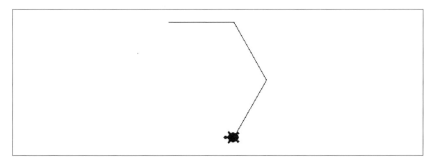

図1-8　三角形を描く機能の1度目の挑戦

これは三角形ではなくて、どちらかというと六角形（辺が6つのポリゴン）を描こうとしているように見えます。三角形ではなく六角形になったのは、正三角形の**内角**である60度を入力したからです。カメは内角ではなくて、**外角**を回転するので、right()関数の引数には外角を入力しなければいけません。四角形の場合、内角と外角はいずれも90度だったのでこの問題は起こらなかったのです。

三角形の外角を計算するには、単に 180 から内角を引くだけです。つまり正三角形の場合は 120 です。先のコードの 60 を 120 に変更すると今度は正三角形が描けるはずです。

課題**1-4** ポリゴン関数

1つの整数を引数にとり、指定された整数値の数だけ辺を持ったポリゴンを描く関数polygon()を作成しなさい。

1.5.2 変数の値を変更する

変数を使うともっといろいろなことができます。たとえば関数を実行するたびに変数の値を特定の量増やし、前回よりも大きな四角を描くといったこともできます。具体的にはlength変数を用意して、次の四角形を描く前に以下のようなコードを使って変数の値を増やせばいいのです。

```
length = length + 5
```

著者は数学好きなので、この式を初めて見たときは、間違っていると思いました。「lengthがlength + 5に等しい」？ありえません！しかしこのコードは等式ではないので、この等号 (=) は「左辺と右辺が等しい」という意味ではないのです。**Pythonにおける等号は、値を割り当てているということを意味します。**

以降の例を見てください。Pythonシェルを起動して、以下のコードを入力してください。

```
>>> radius = 10
```

これは、半径を表すradiusという名前の変数を (これまで存在しなければ) 作り、値10を割り当てるという意味です。後から違う値を割り当てることもできます。

```
>>> radius = 20
```

Enterキーを押すとコードが実行されます。そうすると値20が変数radiusに割り当てられます。変数が何らかの値と等しいかどうか確認するには、2つの等号 (==) を使います。たとえば変数radiusが20と等しいか調べるには、Pythonシェルに以下の

コードを入力します。

```
>>> radius == 20
```

Enter キーを押すと以下のように表示されるはずです。

```
True
```

この時点で変数 radius の値は 20 です。特定の数値をそのつど割り当てるのではなく、インクリメントする（値を増やす）と便利なことも多くあります。たとえば count という変数を使って、プログラム内で何かしらが起きたことをカウントするといったこともあるでしょう。この変数は初期値 0 から始まって、何かが起こるたびに 1 つずつ値を増やします。変数を現在の値から 1 つ増加させるには、以下のようにして変数に 1 を足して、その結果を変数に割り当てます。

```
count = count + 1
```

このコードは以下のように短く書くこともできます。

```
count += 1
```

これは「count 変数に 1 を追加する」という意味です。同じ記法を使って、四則演算ができます。Python シェルで以下のコードを実行してみましょう。まず x に 12、y に 3 を割り当てた後、x の値を y の値だけ増やしています。

```
>>> x = 12
>>> y = 3
>>> x += y
>>> x
15
>>> y
3
```

y の値は変わっていないことに注意してください。同じような記法で x を加減乗除できます。

```
>>> x += 2
>>> x
17
```

次に x の現在の値から1減らしてみます。

```
>>> x -= 1
>>> x
16
```

x が16になりました。続いて x を2倍にします。

```
>>> x *= 2
>>> x
32
```

最後に x の値を4で割ります。

```
>>> x /= 4
>>> x
8.0
```

このように、四則演算の後ろに等号を付けることで変数をインクリメントできることがわかりました。x += 3とすれば3増やす、x -= 1とすれば1減らすといった具合です。

以下のコードを使えば、lengthの値をループのたびに5増やすことができます。これは次の課題で役立つでしょう。

```
length += 5
```

この記法を使うと、length変数を使うたびに値を5ずつ増やして、この変数に値を保存することができます。

課題**1-5** カメのらせん

60個の四角形を徐々に大きくしながら、かつ5度ずつずらしながら描きなさい。
lengthの初期値は5、それぞれの四角形を描くたびに5ずつインクリメントさせ
ます。結果は以下のようになります。

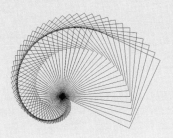

1.6 まとめ

　この章ではPythonのturtleモジュールの使い方と、forward()やright()
といった組み込み関数を使ってさまざまな図形を描く方法を学習しました。また、
turtleモジュールには本書で説明したもの以外の関数も多く用意されています。次の
章に進む前に、皆さんの手で試していただきたい機能も多々あります。「python turtle」
とWeb検索すると、Python公式ドキュメントのturtleモジュールのドキュメントが
見つけられるはずです。このページには**図1-9**のような、turtleモジュール内のメソッ
ド[*1]一覧があります。

---

*1　訳注：メソッドについては9章で説明しています。

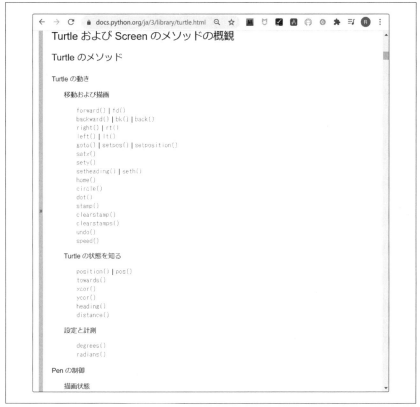

図1-9　PythonのWebサイトにはturtleの関数やメソッドが多数見つかります！

　独自の関数を定義する方法、すなわちいつでも再利用可能な価値あるコードを保存する方法も学習しました。また、コードを繰り返し記述するのではなく、forループを使用してコードを何度も実行する方法も学習しました。関数やループを使って時間を短縮したりエラーを避けたりする方法は、今後さらに複雑な数学用ツールを作り上げていく際にも大いに役立つことでしょう。

　次の章では値をインクリメントさせる際に使えるような基本的な四則演算を実装します。Pythonの基本的な演算やデータ型を学習し、これらを組み合わせて単純な計算用のツールを作成していきます。それだけでなく、リスト内に項目を追加したり、インデックスを使ってリスト内の項目を操作したりする方法についても学習します。

課題**1-6** 星の誕生

まず、以下のように5点からなる星形を描く関数starを作成しなさい。

続いて、以下のように回転しながら星形を描く関数starSpiral()を作成しなさい。

退屈な計算をリストと ループで楽しくしよう

2章

「つまり明日もまた行かなきゃ駄目ってこと？」

──学校に初めて登校したエイダン・ファレル（Aidan Farrell）の一言

数学という単語を聞くと、ほとんどの人は足し算、引き算、掛け算、割り算の四則演算を連想することでしょう。四則演算を電卓やコンピュータにさせること自体は簡単ですが、実際には同じような計算を何度も繰り返さなければいけないことがほとんどです。たとえば20個の別々の数字を足し合わせる場合、+演算子を19個も入力しないといけません！

この章では、四則演算の退屈な部分をPythonで手軽に済ませてしまう方法を説明します。まず、Pythonで扱うことのできる数学演算とデータ型について説明します。次に、変数を使って値を保存したり計算したりする方法と、リストとループを使ってコードを繰り返す方法を説明します。最後に、これらのプログラミングの機能を組み合わせて、複雑な計算を自動的に行うような関数を作成します。そうすれば、Pythonは安い電卓よりもはるかにパワフルだということがわかるでしょう。何よりPythonは無料です！

2.1 基本の演算子

Pythonシェル上で四則演算を行う方法は簡単です。式を入力して、計算を実行したいタイミングでEnterキーを押すだけです。**表2-1**は一般的な数学の演算子を抜粋したものです。

表2-1　Pythonで使用可能な一般的な数学演算子

演算子	文法
加算	+
減算	−
乗算	*
除算	/
べき乗	**

　Pythonシェルを起動して、**例2-1**のような計算を試してみるとよいでしょう。

例2-1　基本的な数学の演算を試してみる

```
>>> 23 + 56   # 加算
79
>>> 45 * 89   # アスタリスクは乗算
4005
>>> 46 / 13   # スラッシュは除算
3.5384615384615383
>>> 2 ** 4    # 2の4乗
16
```

　計算結果は結果の行として出力されます。半角スペースを使って「6 ＋ 5」のようにコードを見やすくしたり、半角スペースなしで「6+5」と書くこともできます。なおPythonではどちらのコードも計算を行う上ではまったく違いがありません。

　Python 2[*1]の除算はややトリッキーなので注意が必要だということを覚えておいてください。Python 2で46 ／ 13とした場合、整数値だけが必要だとみなされるため、**例2-1**のような小数値ではなく、答えが整数（3）になります。本章の手順通りであればPython 3をダウンロードしているはずなので、この問題は起こらないはずです。ただし後ほど紹介する画像パッケージ（Processing）ではPython 2が使われるため、除算の結果が小数になることに注意してください。

2.1.1　変数に対する演算

　演算子は変数に対しても使うことができます。第1章では関数の定義で変数を使うこ

---

*1　訳注：Python 2は2020年1月1日でサポートが終了しました。

とができることを学習しました。代数における変数と同じように、プログラミングにおいても変数を使うことで長く複雑な計算処理をいくつかの段階に分割し、後で結果をまとめるといったことができるようになります。**例2-2**では数値を複数の変数に保存した後、それぞれを使って計算しています。変数の値がどんなものであってもかまいません。

例2-2 変数に結果を格納する

```
>>> x = 5
>>> x = x + 2
>>> length = 12
>>> x + length
19
```

ここでは値5を変数xに割り当てた後、その値を2増やしているので、xは7になります。そして値12を変数lengthに割り当てています。xとlengthを足し合わせると7＋12になるわけなので、結果が19となります。

2.1.2　演算子を使ってaverage()関数を作る

では演算子を使って、数列の平均値を計算してみましょう。数学の授業で習うことですが、平均値を計算するには数字をすべて足した後、数字の個数で割ります。たとえば数列が10と20だとしたら、次のように10と20を足してから2で割ります。

```
(10 + 20) / 2 = 15
```

9と15と23の場合はそれぞれを足して3で割ります。

```
(9 + 15 + 23) / 3 = 47 / 3 = 15.67
```

この計算を手でするには面倒ですが、コードを書けば簡単に計算できます。それではまずarithmetic.pyという新しいPythonファイルを作成して、2つの数字の平均を計算する関数を作成してみましょう。以下のように、2つの数字を引数にとって実行できる関数になるはずです。

```
>>> average(10, 20)
15.0
```

実際に試してみてください。

2.1.3　演算子の順番に注意！

average()関数はaとbという2つの数字を足して半分にした後、returnキーワードでその値を返すようにします。つまり以下のようなコードにすればよさそうです。

arithmetic.py

```
def average(a, b):
    return a + b / 2
```

aとbの2つの数字を入力する関数average()が定義できました。この関数は2つの数字を合計して2で割った値を返すはずです。ところがPythonシェル上でテストしてみると、間違った結果が出力されます。

```
>>> average(10, 20)
20.0
```

これは関数を定義した際に、**演算子の優先順位**を考慮しなかったことが原因です。数学の授業で学んだと思いますが、乗除の演算は加減の演算よりも優先されるので、今回も先に割り算が計算されてしまったのでした。この関数ではbを2で割った後にaを足した値になっていたのです。ではどうやって直せばいいでしょうか？

2.1.4　演算子と括弧を組み合わせる

割り算の前に2つの数字を足すようにするには、足し算を行う部分を括弧で囲います。

arithmetic.py

```
def average(a, b):
    return (a + b) / 2
```

これでこの関数はaとbを足してから2で割るようになりました。シェル上で実行すると次のようになります。

```
>>> average(10, 20)
15.0
```

同じ計算を手で行っても同じ結果になるはずです！average() に違う数字を入力
して試してみてください。

2.2 Pythonのデータ型

数値に対する計算を続ける前に、Pythonの基本的なデータ型について見ていくこと
にしましょう。データ型が異なれば機能も異なるため、どのデータ型に対しても同じ操
作ができるというわけではありません。それぞれのデータ型で何ができるのかを知って
おくことが重要になります。

2.2.1 整数と浮動小数点数

Pythonでよく使われるのが**整数**（integer）と**浮動小数点数**（float）のデータ型で
す。浮動小数点数は小数点を含んだ数値です。整数と浮動小数点数は、float() や
int() 関数を使って以下のように相互に変換できます。

```
>>> x = 3
>>> x
3
>>> y = float(x)
>>> y
3.0
>>> z = int(y)
>>> z
3
```

この例では x = 3として、値3を変数xに割り当てています。次にfloat(x)とす
ることでxの値を浮動小数点数(3.0)に変換して、変数yに割り当てています。最後に、
変数yを整数 (3) に変換して、変数zに割り当てています。このように浮動小数点数と
整数は簡単に変換できます。

2.2.2 文字列

文字列（string）は順序のついた複数の文字からなるデータ型で、単語や数字などと
いった一連の文字を含みます。文字列を定義するには、シングルクォート（''）または
ダブルクォート（""）で一連の文字を囲います。

```
>>> a = "hello"
>>> a + a
'hellohello'
>>> 4*a
'hellohellohellohello'
```

　ここではまず"hello"という文字列を変数aに代入しています。この変数同士を足し合わせると、'hellohello'という、2つのhelloが含まれた新しい文字列になります。ただし、文字列に数値（整数や浮動小数点数）を足すことはできないことに注意してください。たとえば数字2と文字列helloを足そうとすると以下のようなエラーになります。

```
>>> b = 2
>>> b
2
>>> d = "hello"
>>> b + d
Traceback (most recent call last):
  File "<pyshell#34>", line 1, in <module>
    b + d
TypeError: unsupported operand type(s) for +: 'int' and 'str'[*1]
```

　ただし、数字が文字列になっている（あるいはクォートで囲われている）場合、別の文字列に足すことはできます。

```
>>> b = "123"
>>> c = "4"
>>> b + c
'1234'
>>> "hello" + " 123"
'hello 123'
```

　この例では、"123"と"4"はどちらも数字からなる文字列で、数値型ではありません。そのため、2つを足し合わせると一続きの文字列（'1234'）になります。また、文字列"hello"と" 123"はそれぞれ文字と数字からなる文字列データなの

---

*1　訳注：「'int'と'str'に対する＋演算子がサポートされていません」という意味です。

で、同じく足すことができます。文字列を複数つなげて新しい文字列を作ることを**連結**（concatenation）と言います。

　また、文字列と数字を掛け合わせることで、文字列を複数回繰り返すことができます。

```
>>> name = "Marcia"
>>> 3 * name
'MarciaMarciaMarcia'
```

しかし文字列を別の文字列で引いたり、掛けたり、割ったりすることはできません。以下のコードをシェルに入力して、何が起きるか確認してみましょう。

```
>>> noun = "dog"
>>> verb = "bark"
>>> noun * verb
Traceback (most recent call last):
  File "<pyshell#6>", line 1, in <module>
    noun * verb
TypeError: can't multiply sequence by non-int of type 'str' *1
```

　このように、"dog"と"bark"を掛けようとすると、2つの文字列型を掛けることができないというエラーになります。

2.2.3　ブール値

　ブール値（Boolean）とは真（True）または偽（False）を表すデータ型で、どちらか一方だけの値となり、どちらでもない値にはならないものです。Pythonにおけるブール値は必ず大文字始まりです。また、ブール値は2つのものを比較する場合によく使われます。2つの値を比較するには、大なり（>）あるいは小なり（<）記号を使います。

```
>>> 3 > 2
True
```

　3は2よりも大きいので、この式の返り値はTrueです。ただし2つの値が等しいかどうかを比べる場合には2つの等号（==）が必要になるので注意してください。1つの等

＊1　訳注：「シーケンスをintではない型 'str' と掛けることはできません」という意味です。

号は値を変数に代入するための構文です。たとえば以下のように使います。

```
>>> b = 5
>>> b == 5
True
>>> b == 6
False
```

　まず1つの等号を使って、値5を変数bに割り当てています。そして2つの等号を使ってbと5が等しいかを調べると結果がTrueになります。

2.2.4　データ型の確認

　type()関数に変数を渡すと、変数のデータ型を確認できます。Pythonでは変数に保存された値の型を簡単に調べることができます。たとえば変数にブール値を割り当ててみます。

```
>>> a = True
>>> type(a)
<class 'bool'>
```

　変数aを関数type()に渡して実行すると、aの値がブール値であることが確認できます。
　数値型のデータ型も確認してみましょう。

```
>>> b = 2
>>> type(b)
<class 'int'>
```

以下のコードでは0.5が浮動小数点数型であることがわかります。

```
>>> c = 0.5
>>> type(c)
<class 'float'>
```

以下のコードではクォート内に英数字を入力した値が文字列型であることがわかります。

```
>>> name = "Steve"
```

```
>>> type(name)
<class 'str'>
```

このように、Pythonにはさまざまなデータ型があることと、扱っている値の型を
チェックする方法があることがわかりました。では次は単純な計算作業を自動化する方
法について説明します。

2.3 リストを使って値を保存する

これまでは1つの値だけを変数に保存していました。リスト型 (list) を使うと複数の
値を1つの変数に保存することができるため、繰り返しの作業を簡単に自動化できるよ
うになります。Pythonでリストを宣言するには、リストの名前、変数の割り当てでも
使った=記号、そしてリスト内に格納したい一連の値をカンマ区切りで並べて角括弧
[ ] で囲ったものを並べます。

```
>>> a = [1, 2, 3]
>>> a
[1, 2, 3]
```

また、空のリストを作成しておいて、後から数字や座標、オブジェクトなどを追加す
るといったこともよくあります。この場合は同じようにしながら、単に値を指定しない
ようにするだけです。

```
>>> b = []
>>> b
[]
```

このコードではbという名前で空のリストを作成しました。このリストには後から値
を追加できます。次はその方法を説明していきます。

2.3.1 リストに項目を追加する

リストに項目を追加するにはappend( )関数を使います。

```
>>> b.append(4)
>>> b
[4]
```

　まず項目を追加したいリストの名前 (b) を書き、次にピリオドを書き、append() の括弧内に追加したい値を書きます。そうすると数字4がリストに追加されたことがわかります。

　また、空ではないリストに値を追加することもできます。

```
>>> b.append(5)
>>> b
[4, 5]
>>> b.append(True)
>>> b
[4, 5, True]
```

　既存のリストに追加した項目はリストの末尾に表示されます。上のコードからもわかる通り、リストに追加できる項目は数字だけではありません。数字の4と5に続けて、ブール値Trueをリストに追加しました。

　1つのリスト内には1つ以上のデータ型を追加できます。たとえばさらに文字列データを追加できます。

```
>>> b.append("hello")
>>> b
[4, 5, True, 'hello']
```

　文字列を追加するには、値をシングルクォートかダブルクォートで囲う必要があります。そうしなければPythonではhelloという名前の変数だとみなされてしまい、この変数があるかどうかに応じて、意図しないエラーが起こったり起こらなかったりすることになります。ここまでで変数bは2つの数字、ブール値、文字列という4つの要素を持つことになりました。

2.3.2　リストに対する操作

　文字列と同じように、リストに対しても足したり掛けたりすることができますが、単に数字1つとリストを足し合わせたりはできません。その代わり、リスト同士を連結することができます。たとえば以下のようにして、2つのリストを+演算子で結合できます。

```
>>> c = [7, True]
>>> d = [8, "Python"]
>>> c + d   # 2つのリストを足し合わせる
```

```
[7, True, 8, 'Python']
```

リストに数字を掛け合わせることもできます。

```
>>> 2 * d    # リストに数字を掛ける
[8, 'Python', 8, 'Python']
```

このように、リストdに数字2を掛けると元のリストの要素が2倍になります。

ですが、数字とリストを+演算子で足そうとするとTypeErrorというエラーになります。

```
>>> d + 2    # リストと整数を足すことはできない
Traceback (most recent call last):
  File "<pyshell#22>", line 1, in <module>
    d + 2
TypeError: can only concatenate list (not "int") to list *1
```

これは加算記号を使って数字とリストを足すことができないからです。2つのリストを足し合わせたり、リストに項目を1つ追加したり、数字を掛けて増やしたりすることはできますが、リストに足すことができるのはリストだけに制限されています。

2.3.3　リストから項目を削除する

リストから項目を削除する方法は簡単です。削除したい項目を引数に指定してremove()関数を呼ぶだけです。以下のコードにもあるように、削除したい項目がリスト内に存在していることを確認しておいてください。もし違う値が指定されてしまうと、何を削除するのかわからないということになります。

```
>>> b = [4, 5, True, "hello"]
>>> b.remove(5)
>>> b
[4, True, 'hello']
```

この例ではb.remove(5)とすることでリストから5を削除しましたが、その他の項目は同じ順序のままになっていることに注意してください。順序が維持されていることは今後重要になります。

---

*1　訳注：「リストにはリストのみ連結できます（"int"は連結できません）」という意味です。

2.4　ループ内でリストを使う

　数学では、複数の数字に対して同じ処理を行うことがよくあります。たとえば代数
の教科書にある関数が定義されていて、この関数にさまざまな数字を代入するという
課題が出たりします。Pythonでは数字をリスト内に保存しておいて、第1章で学んだ
forループと組み合わせることでリスト内の項目に同じ処理を実行することができま
す。ある処理を繰り返し実行することを**反復処理**（iterating）と呼ぶことを覚えておい
てください。以前のプログラムにあった「for i in range(10)」というコードでは、
イテレータを変数iで表していましたが、必ずしもiという名前でなくてかまいません。
以下のコードのように自由に名前を付けることができます。

```
>>> a = [12, "apple", True, 0.25]
>>> for thing in a:
        print(thing)

12
apple
True
0.25
```

　このコードではイテレータの名前をthingとしていて、リストa内の各要素に対し
てprint()関数を使っています。項目が順番通りに、改行区切りで表示されているこ
とに注意してください。項目を同じ行に出力するには、print()関数のend引数を空
文字にして呼び出します。

```
>>> for thing in a:
        print(thing, end='')

12appleTrue0.25
```

　このようにすべての値を同じ行で出力していますが、項目がすべてつながって表示さ
れるので、どこで区切られているのかがわかりません。end引数のデフォルト値は先の
例でも見た通り改行文字になっていますが、任意の文字や記号を指定することができ
ます。たとえばカンマ区切りにするには以下のようにします。

```
>>> a = [12, "apple", True, 0.25]
>>> for thing in a:
        print(thing, end=',')

12,apple,True,0.25,
```

カンマ区切りになったので、だいぶ見やすくなりました。

2.4.1 リストのインデックスを使って要素を操作する

リストの名前と、角括弧で囲ったインデックスを使うと、リスト内の任意の項目にアクセスできます。**インデックス**とは項目の場所、あるいはリスト内における項目の位置のことです。リストの最初にある要素のインデックスは0です。インデックスを使うと、リストに意味のある名前を付けておいて、その中の要素をプログラムから簡単に操作できるようになります。以下のコードをIDLEに入力して、インデックスの動作を確認してみてください。

```
>>> name_list = ["Abe", "Bob", "Chole", "Daphne"]
>>> score_list = [55, 63, 72, 54]
>>> print(name_list[0], score_list[0])
Abe 55
```

次に示すように、インデックスには変数やイテレータを指定することもできます。

```
>>> n = 2
>>> print(name_list[n], score_list[n + 1])
Chloe 54
>>> for i in range(4):
        print(name_list[i], score_list[i])

Abe 55
Bob 63
Chloe 72
Daphne 54
```

2.4.2 enumerate()を使ってインデックスと値にアクセスする

リスト内の項目に対して、インデックスと値の両方を取得したい場合、

enumerate()という手軽な関数が用意されています。以下のように使います。

```
>>> name_list = ["Abe", "Bob", "Chloe", "Daphne"]
>>> for i, name in enumerate(name_list):
    print(name, "のインデックスは", i)

Abe のインデックスは 0
Bob のインデックスは 1
Chloe のインデックスは 2
Daphne のインデックスは 3
```

このように、nameはリストの項目の値、iはインデックスになります。enumerate()の重要なポイントは、先にインデックスがあり、続いて値があるということです。詳しくはこの後、リストにオブジェクトを追加して、オブジェクトとその位置を取得する際に説明します。

2.4.3　0から始まるインデックス

第1章では、range(n)関数が0から始まって、n未満の一連の値を生成するという説明をしました。同様に、リストのインデックスは1ではなくて0から始まるので、1番目の項目のインデックスは0です。以下のコードで確認してみてください。

```
>>> b = [4, True, "hello"]
>>> b[0]
4
>>> b[2]
'hello'
```

ここではbという名前でリストを作成した後、リストbのインデックス0の値をPythonに出力させています。したがって結果は4です。リストbのインデックス2の位置を問い合わせると'hello'が返されます。

2.4.4　リスト内の特定範囲の項目にアクセスする

角括弧の中でスライス（:）を使うと、リスト内の特定範囲の項目にアクセスできます。たとえばリストの2番目から6番目までの項目をすべて取得したい場合には以下のようにします。

```
>>> myList = [1, 2, 3, 4, 5, 6, 7]
>>> myList[1:6]
[2, 3, 4, 5, 6]
```

　1:6という構文で重要なポイントは、最初のインデックス1の要素を含み、最後のインデックス6の要素を含まないということです。つまり1:6とすると、インデックスが1から5の項目が取得できるということになります。

　最終インデックスを指定しなかった場合、Pythonではデフォルトでリストの長さが設定されます。つまりデフォルトでは最初のインデックスから始まって、リストの最後の項目までが取得できます。たとえばリストbの2番目の項目（インデックスは1）から最後までの項目を取得するには以下のようにします。

```
>>> b[1:]
[True, 'hello']
```

　最初のインデックスを指定しなかった場合、Pythonではデフォルトでリストの最初の項目からになり、最終インデックスを含まない範囲の項目が取得できます。

```
>>> b[:1]
[4]
```

　このコード（b[:1]）には最初の項目（インデックス0）が含まれますが、インデックス1の項目は含まれません。もう1点重要なポイントとして、たとえリストの長さがわからなかったとしても、インデックスに負の値を指定することによって、最後の要素を起点として項目を取得できます。たとえば-1を指定すると最後の項目、-2を指定すると最後から1つ前の項目が取得できます。

```
>>> b[-1]
'hello'
>>> b[-2]
True
```

　この方法は他者が作成したリストやとても長いリストなどのように、すべてのインデックスを把握しきれないようなリストを操作する場合に非常に有効です。

2.4.5　項目のインデックスを検索する

　リスト内の特定の値がわかっているものの、そのインデックスがわからないという場

合、リストの名前に続けてindex関数を呼び出し、括弧内の引数に検索対象の値を指定します。Pythonシェルでリストcを作成して試してみましょう。

```
>>> c = [1, 2, 3, "hello"]
>>> c.index(1)
0
>>> c.index("hello")
3
>>> c.index(4)
Traceback (most recent call last):
  File "<pyshell#85>", line 1, in <module>
    c.index(4)
ValueError: 4 is not in list*1
```

このように、値1を指定するとリスト内の最初に項目が見つかるので、インデックス0が返されることがわかります。"hello"のインデックスを確認すると3であることがわかります。ただし、最後の行ではエラーメッセージが表示されています。エラーメッセージの最後の行からもわかるように、探そうとしている値4はリスト内に見つからないため、Pythonはそのインデックスを返すことができないからです。

リスト内に項目があるかどうかを確認するにはinキーワードを使います。

```
>>> c = [1, 2, 3, "hello"]
>>> 4 in c
False
>>> 3 in c
True
```

このようにPythonのinを使うと、リスト内に要素があればTrue、なければFalseが返されます。

2.4.6 文字列にもインデックスを使う

リストのインデックスと同じ操作は文字列に対しても可能です。文字列には長さがあり、文字列内のすべての文字にはインデックスが割り当てられています。以下のコードをPythonシェル上で試してみましょう。

---

*1　訳注：「4はリスト内にはありません」という意味です。

```
>>> d = "Python"
>>> len(d)    # "Python"は何文字?
6
>>> d[0]
'P'
>>> d[1]
'y'
>>> d[-1]
'n'
>>> d[2:]
'thon'
>>> d[:5]
'Pytho'
>>> d[1:4]
'yth'
```

このように、文字列"Python"は6文字からなることが確認できます。それぞれの文字にはインデックスがあり、リストの場合と同じ構文でアクセスできます。

2.5 総和

複数の数字をループ内で足すときに、それらの数字の合計を計算しておくと役立つことがあります。この合計を計算していくという処理は数学の重要なコンセプトの1つで、**総和**(summation)と呼ばれます。日本では高校数学で学びます。

数学の授業において、総和はシグマ、すなわちギリシャ語におけるS (summationのS)の大文字で表されます。たとえば以下のような書き方になります。

$$\sum_{i=1}^{100} i$$

この総和記号の意味は、最小値(シグマの下の値)から始まり、最大値(シグマの上の値)まで、iをそれぞれの値に置き換えて、足し合わせるということです。Pythonのrange(n)とは異なり、総和記法では最大値が範囲に含まれます。

2.5.1 総和変数を作成する

Pythonで総和を計算するために、running_sumという名前の変数を用意します(sumは既にPythonの組み込み関数名になっています)。この変数の値を0に初期化し

た後、値が追加されるたびにこの running_sum をインクリメントします。インクリメ
ントでは再び += 記法を使います。以下のコードをシェル上で入力してください。

```
>>> running_sum = 0
>>> running_sum += 3
>>> running_sum
3
>>> running_sum += 5
>>> running_sum
8
```

+= がショートカットコマンドになっていることは既に説明した通りです。running_
sum += 3 は running_sum = running_sum + 3 と同じです。running_sum が
3 ずつインクリメントされるようなテストをしてみましょう。arithmetic.py ファイルに
以下のコードを追加してください。

arithmetic.py

```
    running_sum = 0
❶   for i in range(10):
❷       running_sum += 3
    print(running_sum)
```

まず running_sum 変数を初期値 0 で作成して、range(10) とすることで for ルー
プが 10 回実行されるようにしています❶。インデントされたループの本体では、ルー
プのたびに running_sum を 3 ずつ増やしています❷。ループが 10 周すると、最終行
のコードが実行されます。ここでは print 関数を使って、10 周後の running_sum 変
数の値を画面に表示しています。

この結果から、最終的な総和がいくつになったか確認できます。

```
30
```

別の言い方をすれば、3 を 10 倍すると 30 なので、正しい結果となりました！

2.5.2 mySum() 関数を作成する

先ほどの総和プログラムを mySum() 関数として、1 つの整数値を引数にとり、1 から
引数までの整数の総和を返すようにしてみましょう。

```
>>> mySum(10)
55
```

まず、総和を表す値を宣言して、ループ中でこの値をインクリメントします。

arithmetic.py

```
def mySum(num):
    running_sum = 0
    for i in range(1, num+1):
        running_sum += i
    return running_sum
```

関数mySum()では、まず総和を0にします。次に、1からnumまでの範囲にある
それぞれの値をiという名前で表します。このときrange(i, num)としてしまうと
numが範囲に含まれなくなることに注意してください！ 次に、ループするたびにiを総
和に足します。ループが終了した後、計算した総和の値を返します。

もっと大きな数字をこの関数に指定してシェル上で実行してみましょう。1から指定
した数字までの総和を一瞬で返してくれるはずです。

```
>>> mySum(100)
5050
```

なかなか便利ですね！ この章で既に出てきた、難しいシグマの式の問題を解くには、
0から20まで（20を含む）をループで回して、ループのたびにiの2乗と1を足すように
するだけです。

arithmetic.py

```
def mySum2(num):
    running_sum = 0
    for i in range(num + 1):
        running_sum += i ** 2 + 1
    return running_sum
```

ここではシグマ記号の指定にあった通りになるよう、ループの部分を変更して、0か
ら開始されるようにしています。

$$\sum_{i=0}^{20} i^2 + 1$$

この関数を実行すると、以下のような結果が得られます。

```
>>> mySum(20)
2891
```

課題**2-1**　総和を求める

1から100までの総和はいくつになるか計算しなさい。1から1000まででではどうでしょうか。何かしら答えにパターンが見つかりますか？

2.6　リスト内の数字の平均を計算する

これまでの説明で新しいスキルがいくつか手に入りましたので、平均を計算する関数の機能を改良してみましょう。リストの機能を使うことで、整数のリストを引数にとり、要素の個数を指定することなく引数の平均値を計算する関数が作成できます。

数学の授業では、一連の数字から平均を計算するには、数字の総和をその個数で割ればいいと習ったと思います。Pythonではリスト内の数字の総和は sum() 関数を使って計算できます。

```
>>> sum([8, 11, 15])
34
```

後はリストの項目の数を知る方法が必要です。この章で出てきた average() 関数では、数字が2つしかないことがわかっていました。しかしもっと多くの数を対象にするにはどうしたらいいでしょうか？ ありがたいことに、len() 関数を使うとリスト内の項目の数を知ることができます。たとえば以下の通りです。

```
>>> len([8, 11, 15])
3
```

このように、関数名を記述して引数にリストを指定するだけです。つまり、sum() と len() の両方を使えば、リスト内の項目の総和を項目の個数で割って平均が計算で

きるというわけです。これらの組み込み関数を使うことで、よりシンプルなバージョン
の平均計算関数を作成できます。

arithmetic.py

```
def average3(numList):
    return sum(numList) / len(numList)
```

シェルからこの関数を呼び出すと、以下のような出力が得られます。

```
>>> average3([8, 11, 15])
11.333333333333334
```

この関数の利点は、数字のリストが短くても長くても同じように機能するということ
です！

課題 **2-2**　平均を計算する

以下のリストの平均を計算しなさい。

```
d = [53, 28, 54, 84, 65, 60, 22, 93, 62, 27, 16, 25, 74, 42,
     4, 42, 15, 96, 11, 70 83, 97, 75]
```

2.7　まとめ

　この章では整数や浮動小数点数、ブール値といったデータ型を学びました。また、
リストを作成したり、リストへ項目を追加削除したり、インデックスを使ってリスト内
の項目を見つける方法を学びました。いくつかの数字に対する平均や、総和を記憶し
ておくために、ループやリスト、変数といった機能を使う方法を学びました。

　次の章では、以降の章を読み進めるためにも必要となる、条件分岐というプログラミ
ングの重要な概念について説明します。

3章
条件分岐を使って
予想・確認する

> 「オーブンが熱くなったら生地を中に入れなさい。生地が確かに生地だと確認してから
> ですよ。」
>
> ── イドリース・シャー (Idries Shah)『*Learning How to Learn*』(学び方の学び方)

　本書にあるプログラムのほとんどは、どれもコンピュータに判断させるよう命令する
ものばかりです。コンピュータが判断できるようにするには、**条件分岐**という重要なプ
ログラミングの機能を使います。プログラミングでは、「この変数が100を超える場合
はこれを実行して、そうでない場合はこちらを実行して」のような特定の条件が満たさ
れているかどうかを確認して、その結果に応じて実行する処理を決定したいときには、
条件文を使います。実際、この方法はどんな大きな問題にも応用できる強力なもので、
機械学習 (Machine learning) の中核とも言えるものです。一番初歩的なレベルで説明
すると、プログラムに推測をさせて、フィードバックを元にさらなる推測を行わせるよ
うな処理をします。

　この章では、予想して確認する (guess-and-check) 方法をPythonで行います。つま
りユーザーからの入力をとって、その入力に応じて何かを表示するプログラムを作りま
す。また、さまざまな数値をさまざまな条件で比較することでカメを画面上にランダム
に移動させるようなプログラムも作成します。さらに、数当てゲームや、同じロジック
を使って大きな数字の平方根を計算する機能も作成します。

3.1　比較演算子

　第2章で説明したように、TrueとFalse (いずれもPythonでは1文字目が大文字
です) はブール値 (Boolean value) と呼ばれます。Pythonでは、2つの値を比較すると
ブール値が返されるため、その結果を使って次に何をすべきか決めることができるよう
になっています。たとえば不等号 (>, <) を使った比較の結果は次のようになります。

```
>>> 6 > 5
True
>>> 6 > 7
False
```

　このコードではまず、6が5よりも大きいかをPythonで確認するとTrueが返された
ことがわかります。次に6が7より大きいかを確認するとFalseが返されています。
　等号を1つ使うと、Pythonでは値を割り当てられたことに注意してください。値が
等しいかどうかを確認するには、次のように2つの等号(==)を使います。

```
>>> 6 = 6
SyntaxError: can't assign to literal*1
>>> 6 == 6
True
```

　このように、等号1つの場合には文法エラーになります。変数に対して比較演算子を
使うこともできます。

```
>>> y = 3
>>> x = 4
>>> y > x
False
>>> y < 10
True
```

　変数yに3、xに4を割り当てた後、yがxよりも大きいかPythonで確認したところ、
Falseが返されました。続いて、yが10より小さいかという確認ではTrueが返され
ました。Pythonではこのようにして値を比較できます。

3.2　if/else文を使った判定

　if文とelse文を使うと、プログラムでどのコードを実行させるか判定できるように
なります。たとえばある条件がTrueだと判定された際に、一連のコードをプログラム
で実行するといった具合です。条件がFalseだった場合、何か別のことを実行したり、
あるいは何もしないようにできます。たとえば以下のようにします。

---

*1　訳注:「リテラルに値を割り当てられません」という意味です。

```
>>> y = 7
>>> if y > 5:
    print("yes!")
yes!
```

このコードでは変数yに値7を割り当てています。そしてもしyの値が5より大きければ「yes!」と表示し、そうでなければ何もしません。

プログラムの別のコードを実行させるには、else文やelif文を使います。これからやや長めのコードを記述していくことになるので、新しいPythonファイルを開いて、conditionals.pyという名前で保存してください。

conditionals.py

```
y = 6
if y > 7:
    print("yes!")
else:
    print("no!")
```

このコードではyの値が7より大きければ「yes!」、そうでなければ「no!」を表示させています。プログラムを実行すると、yの値6は7よりも小さいため、「no!」と表示されます。

さらに別の条件でコードを実行させるにはelif文を使います。これは「else if」の省略形です。elifは複数記述できます。たとえば次のサンプルプログラムでは3つのelif文を使っています。

conditionals.py

```
age = 50
if age < 10:
    print("どこの学校に通ってるのかな？")
elif 10 <= age < 20:
    print("若いね！")
elif 20 <= age < 30:
    print("職業は何ですか？")
elif 30 <= age < 40:
    print ("結婚されてます？")
else:
```

```
print("おお、ご年配の方ですね！")
```

このプログラムでは、年齢を表すageの値が特定の範囲内にある場合に、それぞれ異なるコードを実行しています。なお<=という演算子は「以下」を判定できること、またif 11 < age < 20:というようにして判定条件を組み合わせられることに注意してください。たとえばage = 50の場合には次のメッセージが表示されます。

```
おお、ご年配の方ですね！
```

特定の条件に従って、プログラムが素早く自動的に判断できるようにするというこの機能は、プログラミングにおける重要な機能の1つです！

3.3　条件文を使って約数を見つける

ではこれまでに習得した機能を使って、因数分解を実装してみましょう！ **約数**（factor）とは、ある数を割って別の数にすることができる数のことです。たとえば5は10を割り切ることができるため、5は10の約数です。数学の授業においては、共通分母を見つけたり、数が素数かどうかを判定したりするために約数を使います。しかし約数を手作業で見つけ出そうとすると、何度も試行錯誤するという面倒な作業になります。特に対象の数が大きい場合にはなおさらです。そこで、Pythonを使って約数を自動的に見つけ出せるようにしましょう。

Pythonでは、剰余演算子（%）を使って、2つの数の剰余を計算できます。たとえばa % bが0の場合、aはbで割り切れるということがわかります。剰余演算は以下のように実行できます。

```
>>> 20 % 3
2
```

このコードから、20を3で割ると余りが2、すなわち3は20の約数ではないということがわかります。3を5に変えてみましょう。

```
>>> 20 % 5
0
```

余りが0になったので、5は20の約数です。

3.3.1 factors.pyプログラムを作成する

では剰余演算子を使って、与えられた1つの数に対して約数のリストを返す機能を作成しましょう。約数を単に画面に出すだけではなく、リストとして返すようにすることで、後で別の関数から約数を使うことができるようにしています。プログラムを書き始める前に、計画を明記しておくとよいでしょう。factors.pyプログラムとしては以下のようになります。

1. factors関数を定義する。この関数は引数に1つの数をとる。
2. 一連の約数を格納するために、空の約数リストを用意する。
3. 1から引数の値までをループする。
4. 引数の値を割り切ることができる数が見つかった場合には、リストにその約数を追加する。
5. 最後に約数のリストを返す。

例3-1はfactors()関数のコードです。IDLE上で新しいファイルを作成し、以下のコードをfactors.pyとして保存します。

例3-1　factors.pyプログラムを作成する　　　　　　　　　　　　　　　　**factors.py**

```
def factors(num):
    """numの約数リストを返す"""
    facorList = []
    for i in range(1, num + 1):
        if num % i == 0:
            factorList.append(i)
    return factorList
```

まず、空のリストをfactorListという名前で作成します。このリストには見つかった約数が追加されることになります。そして（0で割ることはできないので）1からnum + 1までループします（繰り返すことをループすると言います）。num + 1としているので、num自身も繰り返しの中に含まれます。ループの中では、もしnumが現在のiで割り切れる（余りが0）場合には、約数リストにiを追加するという判定をしています。最後に約数のリストを結果として返します。

F5キーを押すか、**図3-1**のように[Run]→[Run Module]を選択するとfactors.pyを実行できます。

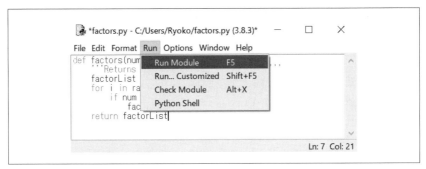

図3-1 factors.py モジュールを実行する

このモジュールを実行すると、IDLEターミナル上でfactors関数が使えるように
なるので、以下のようにして呼び出すことができます。

```
>>> factors(120)
[1, 2, 3, 4, 5, 6, 8, 10, 12, 15, 20, 24, 30, 40, 60, 120]
```

factors関数を使って120の約数をすべて見つけ出すことができました！これは試
行錯誤して見つけるよりもはるかに手軽で迅速です。

課題3-1 約数を見つける

factors()関数を使うと、2つの数の最大公約数（greatest common factor：
GCF）を簡単に見つけることができる。以下のように呼び出すと最大公約数を返
す関数を作成しなさい。

```
>>> gcf(150, 138)
6
```

3.3.2 這い回るカメ

ここまででプログラムに何かしらを自動的に判定させることができるようになったの
で、プログラムを無限に動かし続ける方法を探すことにしましょう！ まず、画面上でカ
メを歩き続けさせて、ある特定の範囲を超えた場合には条件演算によって向きを変えさ
せるようにします。

カメのウィンドウはおなじみのx-y座標のウィンドウで、デフォルトではx座標とy座標のいずれも-300から300までの範囲になります。**図3-2**のように、カメの移動可能領域を-200から200までに変更してみましょう。

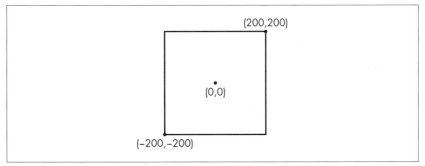

図3-2 カメの移動可能領域を判定するための矩形

IDLEで新しいPythonファイルを開いて、wander.pyという名前で保存します。そして以下のコードを入力して`turtle`モジュールをインポートします。

```
from turtle import *
from random import randint
```

ランダムな整数を生成させるために、`random`モジュールから`randint`関数をインポートする必要があることに注意してください。

3.3.2.1 wander.pyプログラムの作成

では**例3-2**のような`wander`という関数を作成して、画面上をカメが移動するようにしましょう。この関数では、Pythonを無限ループさせるために`while True`ループを使います。この条件判定は常に`True`です。こうすることでカメを延々と動かし続けることができます。プログラムを止めるには、ウィンドウの右上にある×ボタンを押します。

例3-2 wander.pyプログラム   **wander.py**

```
speed(0)

def wander():
```

```
while True:
    fd(3)
    if xcor() >= 200 or xcor() <= -100 or ycor() <= -100 or ycor() >= 200:
        lt(randint(90, 180))

wander()
```

　最初にカメのスピードを0、つまり最速に設定して、それからwander()関数を定義しています。この関数内では無限ループをさせているため、while True内のコードが無限に繰り返し実行されます。ループ内ではカメを3歩（3ピクセル）前進させた後、条件分岐を使って現在位置を判定しています。カメの現在位置のx座標とy座標はそれぞれxcor()とycor()関数で取得できます。

　このプログラムでは、if文を使って、いずれかの条件文がTrueの場合（カメが特定の領域外に出た場合）に90度から180度の間でランダムにカメを左折させています。カメが特定の領域内にいる場合、条件判定がFalseになり、追加の処理が行われません。どちらの場合でも、プログラムはwhile Trueループの先頭に戻り、再度fd(3)が実行されます。

3.3.2.2　wander.pyプログラムを実行する

　wander.pyを実行すると**図3-3**のような結果になります。

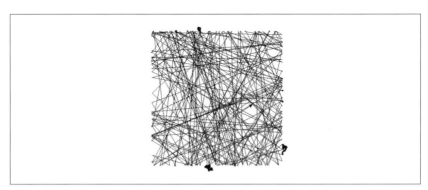

図3-3　wander.pyの結果

　このように、カメはx座標が200になるまで直進します（カメは必ず最初にx軸方向の正の向きへ直進します）。そして90度から180度の範囲内のランダムな角度で左折し

た後、再び直進します。時々カメが境界を越えた位置を移動することがありますが、これは90度曲がってもまだ境界の外にカメがいることがあるためで、境界の中に戻ろうとして左折を繰り返す様子が見られます。**図3-3**の領域外に黒い点のようになっている部分です。

3.4　数当てゲームを作成する

条件分岐を使うことにより、あたかもカメが自分の判断で動き回るようにすることができました！ 続いて、意思を持っているかのようなインタラクティブな数当てプログラムを作成します。このゲームはプログラムに1から100までの数字1つを思い浮かべさせて、それを当てるというものです。番号を当てるまでに何回のチャレンジが必要になるでしょうか？ 選択の幅を狭められるよう、予想が間違っていた場合にはもっと大きいか、小さいかを教えるようにします。ありがたいことに、第2章で作成したaverage関数を使うとこの処理を非常に簡単に実装できます。

予想が外れた場合、正解とどのくらいかけ離れていたかによって次の予想を切り替えるべきです。たとえば予想があまりにも小さすぎた場合、予想した数字と数字が取り得る値の最大値との中間を次の予想とすべきです。逆に大きすぎた場合、予想した数字と数字が取り得る最小値との中間を次の予想とすべきです。

この処理は2つの数字の平均を計算する方法に似ています。まさにaverage関数ですね！ この関数をnumberGame.pyで使うことで、予想のたびに残りの数字を半分に減らすような、賢い戦略を実現できます。正解にたどり着くまでの素早さにきっと驚くことでしょう。

ではプログラムを少しずつ実装していきましょう。まずは乱数を生成する機能です。

3.4.1　乱数生成器を作成する

まず1から100の間にある数字を1つ選ぶ必要があります。IDLEで新しいファイルを作成してnumberGame.pyという名前で保存します。そして**例3-3**のコードを入力してください。

例3-3　numberGame()関数を作成する　　　　　　　　　　**numberGame.py**

```
from random import randint

def numberGame():
```

```
# 1から100の間にある数字を
# 1つ選択する
number = randint(1, 100)
```

　randint()関数を使ってランダムな整数を変数に割り当てることができるよう、randomモジュールをインポートしています。number変数は1から100までの間の整数になりますが、この値はrandintを呼ぶたびに変わります。

3.4.2　ユーザーからの入力を受け取る

　さて次はユーザーからの予想を受け付ける機能をプログラムに追加しましょう！以下のようにするとinput()関数がどのように動くかをインタラクティブシェル上で確認できます。

```
>>> name = input("名前を教えて？")
名前を教えて？
```

　このプログラムは「名前を教えて？」とシェル上に表示して、ユーザーに名前の入力を促します。ユーザーが何かしら入力してEnterを押すと、入力された値が保存されます。

　入力がname変数に保存されたことを確認するには次のようにします。

```
名前を教えて？ Peter
>>> print(name)
Peter
```

　プログラムでnameを出力すると、変数に保存されたユーザーの入力（今回の場合はPeter）が画面に表示されます。

　数当てゲームのプログラムで使うことになる、greet()関数を作成しましょう。

```
def greet():
    name = input("名前を教えて？")
    print("こんにちは ",name,"さん")

greet()
```

　実行すると以下のようになります。

```
>>>
名前を教えて？ Al
こんにちは Al さん
>>>
```

ユーザーから名前を入力してもらって、それが「Peter」だった場合には「私も同じ名前です！」と表示する小さなプログラムを作ってみましょう。もし違う名前であれば「こんにちは」に続けて、入力された名前を表示させます。

3.4.3　ユーザーの入力を整数に変換する

ユーザーからの入力をテキストとして受け取ることができるようになりましたが、数当てゲームとしては数字を受け取る必要があります。第2章では整数や浮動小数点数など、基本的なデータ型について、ならびに数学的な演算も実行できることを説明しました。Pythonでは、ユーザーからの入力は常に**文字列**型です。つまり、数字を入力してほしい場合、入力された文字列を処理できるように整数型に変換しなければいけません。

文字列を整数に変換するにはint()を使います。

```
print("1から100までのどれかを思い浮かべています。")
guess = int(input("いくつだと思いますか？"))
```

これでユーザーが入力した数字を変換して、Pythonの整数用の処理が実行できるようになりました。

3.4.4　条件分岐を使って予想が当たったかどうか判定する

次にnumberGame.pyに必要な機能は、ユーザーが予想した数字が正しいかどうかを判定する処理です。もし当たった場合には当選のメッセージを表示して、ゲームを終了します。そうでない場合は、正解が予想よりも大きいか小さいかを表示してゲームを続けます。

ここではnumberに格納された入力値と正解の数が等しいかどうか、また大きいか小さいかを判定するために、それぞれif文とelif文とelse文を使っています。これまでのnumberGame.pyも含めると、**例3-4**のようになります。

例3-4　予想が正しいかどうかチェックする　　　　　　　　　　　　　**numberGame.py**

```python
from random import randint

def numberGame():
    # 1から100の間にある数字を
    # 1つ選択する
    number = randint(1, 100)

    print("1から100までのどれかを思い浮かべています。")
    guess = int(input("いくつだと思いますか？"))

    if number == guess:
        print("正解です！答えは", number, "でした")
    elif number > guess:
        print("違います。もっと大きいです。")
    else:
        print("違います。もっと小さいです。")

numberGame()
```

　numberに保持されたランダムな数字と、guessに保持された入力値が等しかった場合、推測が正しかったというメッセージと正解の数字を表示します。違っていた場合、もっと大きいあるいは小さい数を予想すべきだというメッセージを表示しましょう。ランダムな数よりも推測した入力値が小さかった場合、もっと大きな値を入力させます。逆に、入力値が大きかった場合には、もっと小さな値を入力させます。

　今の時点での実行結果は以下の通りです。

```
1から100までのどれかを思い浮かべています。
いくつだと思いますか？50
違います。もっと大きいです。
```

　なかなかうまくいきましたが、今のところはこれでプログラムが終了してしまうので、推測を続けられません。ループを使ってこの問題を解決しましょう。

3.4.5　ループを使って繰り返し推測する！

　ユーザーが何度も推測できるようにするには、推測が当たるまで入力を促すようルー

プさせます。つまりguessがnumberと同じになるまでwhileループを続けるように
して、同じになったら正解のメッセージを表示してループを終了させるようにします。
例3-4のコードを**例3-5**のように書き換えます。

例3-5 ループを使ってユーザーが繰り返し推測できるようにする　　**numberGame.py**

```
from random import randint

def numberGame():
    # 1から100の間にある数字を
    # 1つ選択する
    number = randint(1, 100)

    print("1から100までのどれかを思い浮かべています。")
    guess = int(input("いくつだと思いますか？"))

    while guess:
        if number == guess:
            print("正解です！答えは", number, "でした")
            break
        elif number > guess:
            print("違います。もっと大きいです。")
        else:
            print("違います。もっと小さいです。")
        guess = int(input("いくつだと思いますか？"))

numberGame()
```

　このコードにあるwhile guessは「変数guessが値を持っている間は」という意味
です。まず、選択した数が推測と同じかどうかをチェックします。もし同じ場合には正
解したというメッセージを表示してループを終わります。数が推測よりも大きい場合に
は、もっと大きい数を入力させるようにします。数が小さい場合には、もっと小さい数
を入力させるようにします。そして次の推測値を入力させて、ループを繰り返すように
しているため、正解にたどり着くまでユーザーは何度も入力できます。関数の定義はこ
れで終了したので、numberGame()というコードを記述して、プログラムが実行され
るようにします。

3.4.6　推測のコツ

numberGame.pyを保存して実行しましょう。推測を間違うたびに、間違った数とその反対の位置にある数との中央の値を答えにするといいでしょう。たとえばまず50と入力して、答えがもっと大きい場合、次の推測としては50と100の中央、75にします。

　この方法は正解にたどり着くための方法としては最も効率的です。推測の大小にかかわらず、推測のたびに候補を半分に減らしていけるのです。1から100までの数字を当てるまで、何回推測すればいいのか見てみましょう。たとえば**図3-4**のようになります。

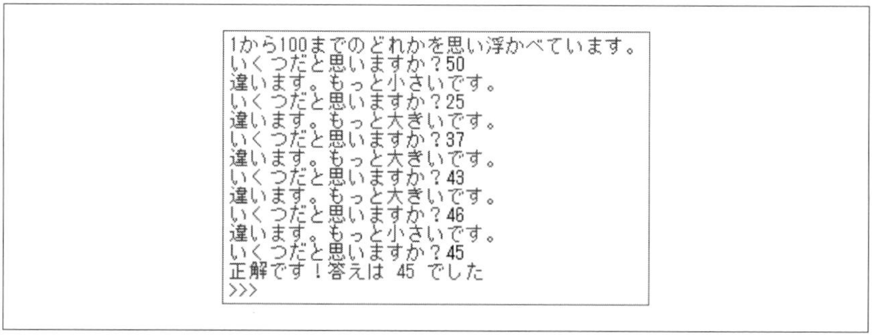

図3-4　数当てゲームの実行結果

　このときは6回でした。

　100を半分にしていくと何回で1を下回るか見てみましょう。

```
>>> 100*0.5
50.0
>>> 50*0.5
25.0
>>> 25.0*0.5
12.5
>>> 12.5*0.5
6.25
>>> 6.25*0.5
3.125
>>> 3.125*0.5
1.5625
>>> 1.5625*0.5
0.78125
```

1を下回るまで7回だったので、1から100までの数字を当てるにはだいたい平均して6回から7回かかりそうだということがわかります。これは推測のたびに候補を半分に減らしていった結果ですが、数当てゲーム以外ではあまり役に立たない戦略のように見えるかもしれません。しかし次に紹介するのは、まさにこの戦略を使って1つの数に対する平方根を計算する方法です。

3.5　平方根を見つける

数当てゲームの戦略を応用すると、平方根の近似値を計算できます。ご存じのように、いくつかの整数の平方根は整数になります（たとえば100の平方根は10です）。しかしその他の多くは無理数（irrational number）、すなわち割り切れず、循環小数ではない小数になります。こうした数は、座標幾何学において多項式の根を計算しようとする場合に多く現れます。

では、平方根の値を計算するにあたり、どのように数当てゲームの戦略を応用できるのでしょうか？　答えは単純で、平均をとり続けるだけで小数点以下8, 9桁の精度で平方根を計算できます。実際、皆さんの手元にある電卓やコンピュータも数当てゲームと同じような戦略を使って小数点以下10桁の平方根を計算しているのです！

3.5.1　数当てゲームのロジックを応用する

たとえば60の平方根がわからないとします。まず数当てゲームでしたように、対象の幅を徐々に狭めていきましょう。7の2乗は49、8の2乗は64なので、60の平方根は7と8の間にありそうです。average()関数を使って7と8の中間の値である7.5を計算します。これが最初の予想です。

```
>>> average(7, 8)
7.5
```

7.5が正しい予想かどうか確認するには、7.5の2乗が60になるかを計算すればわかります。

```
>>> 7.5 ** 2
56.25
```

この通り、7.5の2乗は56.25です。数当てゲームだったとしたら、56.25は60よりも小さいので、もっと大きい数を予想するように促したことでしょう。

もっと大きい数を予想するということはつまり、60の平方根が7.5と8の間にあるということなので、これらの中間値を次の予想にしましょう。

```
>>> average(7.5, 8)
7.75
```

7.75の2乗が60になるか調べます。

```
>>> 7.75 ** 2
60.0625
```

大きすぎました！ということは7.5と7.75の間に60の平方根があります。

3.5.2 squareRoot関数を作成する

ここまでの処理は**例3-6**のようにすれば自動化できます。新しいPythonファイルを開いて、squareRoot.pyという名前で保存します。

例3-6　squareRoot()関数を作成する　　　　　　　　　　　　　　　　**squareRoot.py**

```
def average(a, b):
    return (a + b) / 2

def squareRoot(num, low, high):
    """'low'から'high'までの範囲内で
    数当てゲームの戦略を応用することにより
    指定された数字の平方根を見つける"""
    for i in range(20):
        guess = average(low, high)
        if guess ** 2 == num:
            break
        elif guess ** 2 > num:   # "小さい数を予想すべき"
            high = guess
        else:   # "大きい数を予想すべき"
            low = guess
    print(guess)

squareRoot(60, 7, 8)
```

このsquareRoot()関数は3つの引数をとります。numは平方根を計算する数、

`low`は`num`の平方根になりうる下限、`high`は`num`の平方根になりうる上限です。推測した数の2乗が`num`と等しかった場合、ループを終了して結果を出力します。平方根が整数になる場合はこの条件に一致しますが、無理数になる場合には該当しません。無理数の計算は永遠に終わらないことに注意してください！

　続いて、このプログラムでは推測した数の2乗が`num`よりも大きいかをチェックして、大きい場合にはもっと小さい数を推測するようにしています。`high`を推測値`guess`の値にすることで、`low`から`guess`までの範囲に狭めています。残る条件としては推測値が小さすぎる場合だけなので、`low`を`guess`の値にすることで推測値から`high`までの範囲に狭めています。

　このプログラムは指定した回数ループを繰り返して（今回は20回）、平方根の近似値を表示します。なおどれだけ長い小数であっても、小数では無理数の近似値しか表現できないことに注意してください。とはいえかなりいい近似値を計算できます！

　最後の行では平方根を計算したい数と、平方根が取り得る下限および上限の数を指定して`squareRoot()`を呼び出しています。出力結果は以下のようになります。

```
7.745966911315918
```

この近似値がどのくらい平方数に近いか計算してみましょう。

```
>>> 7.745966911315918**2
60.00000339120106
```

　かなり60に近い数です！単に予想して平均をとり続けるだけで無理数を計算できるなんてすごいと思いませんか？

課題3-2　平方根を求める

以下の数の平方根を計算しなさい。

- 200
- 1000
- 50000（ヒント：1から500の間には平方根がありそうですよね？）

3.6 まとめ

この章では四則演算やリスト、入力、ブール値、そして条件判定というプログラミングに不可欠な概念など、今後も有用な機能を学習しました。コンピュータに値を比較させたり、自動的かつ瞬間的に繰り返し判断をさせたりすることで、本当にいろいろなことができるようになります。この機能はすべてのプログラミング言語に備わっているもので、Pythonの場合にはif文やelif文、else文があります。本書を読了する頃には、これらのツールを駆使して数学の深淵を探究することができるようになっていることでしょう。

次の章では、これまでに習得した機能を応用して代数の課題を素早く効率的に解決する方法を学びます。数当てゲームの戦略を応用して、解法が複数あるような複雑な方程式を解きます！ また、方程式の答えを予想しやすくしたり、数学をもっと視覚的に扱えるようにしたりするために、グラフィカルなプログラムを作成する方法についても説明します。

II部
数学の地に踏み込む

4章
代数を使った数の変換や保存

「数学は、我々が語っていることが何であるか（what）ということも、またそれが真である
かどうかを知らないような学問だといえるだろう。」

（江森巳之助訳『神秘主義と論理』（みすず書房刊）第5章「数学と形而上学者たち」より）

—— バートランド・ラッセル（Bertrand Russell）

　学校で代数を学んだのであれば、数を文字で置き換えるという考え方には慣れたも
のでしょう。たとえば任意の数を表すxを使って$2x$というように記述できます。そうす
ると$2x$は未知数を2倍にするという意味になります。数学の授業における変数とは「未
知の数」であって、その文字によって表される数を計算させられたりします。**図4-1**は
「xを求めなさい」という問題に対する、とある生徒の斜め上の回答です。

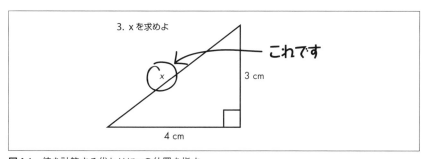

図4-1　値を計算する代わりにxの位置を指す

　このように、この生徒はxの値を**計算する**のではなく、xが図のどこにあるかを求め
たのです。代数の授業では$2x + 5 = 13$のような方程式の解を求めることになります。
ここでいう「解を求める」とは、xを置き換えたときに等号が成立するような特定の数を
見つけ出しなさいということです。代数の問題は、多数の規則を覚えて駆使し、式の
両辺が等しくなるようにすることで解くことができます。

　プレースホルダー（何かを入れておくためのもの）として文字を使うという方法は、
Pythonで変数を使う方法によく似ています。実際、前の章では変数に値を代入して計

算する方法を説明しました。数学を学ぶ生徒に重要なスキルは、変数を求める方法で
はなくて、変数を**使う**方法を習得することです。方程式を手で解くというのは、限定的
な価値しかありません。この章では、式の両辺を等しくするのではなく、変数を使った
プログラムを作成することで自動的に素早く未知の数を計算します。また、Processing
と呼ばれるプログラミング環境を使って、代数問題をグラフィカルに解く手がかりとし
ます。

4.1 1次方程式を解く

$2x + 5 = 13$ のような単純な方程式をプログラムで解くには、1つは**ブルートフォース**
（正解を見つけるまでランダムな数を代入していく）という方法があります。この簡単
な方程式で x の値を計算するには、2倍して5を足したら13になる数を見つけなければ
いけません。筆者の経験則からすると、式中の数字がどれも2桁以下なので x の値は−
100から100の間にあると予想できます。

つまり−100から100までの整数をすべて方程式に代入して結果を確認し、方程式が
成立する値を表示するようなプログラムを作成してみればよさそうです。IDLEで新し
いファイルを開き、plug.pyという名前で保存した後、**例4-1**のコードを入力してプログ
ラムの動作を確認してみましょう。

例4-1 方程式を成立させうる数字をすべて試してみるブルートフォースプログラム

```
def plug():
❶   x = -100                   # -100から始める
    while x < 100:             # 100を上限とする
❷       if 2 * x + 5 == 13:    # 方程式が成立する場合
            print("x =", x)    # 結果を表示
❸       x += 1                 # 次にxを1増加した値をチェックする

plug()  # plug関数を実行する
```

plug()関数を定義して、変数xを−100で初期化しています❶。次の行ではxが
100になるまで繰り返すwhileループを始めています。このループ回数の上限値は任
意に決めたものです。そしてxを2倍してから5を足しています❷。この結果が13にな
る場合、つまり方程式が解けた場合にはxの値を表示します。結果が13でなければそ
のまま続行します。

　ループの終わりでは、次の数をテストできるようにするため、xに1を足します❸。すべての数を代入しおわるまでこのループを繰り返します。なお最終行では定義した関数plug()を実行しています。この記述を忘れてしまうと、このプログラムは何もしなくなります！出力結果は以下のようになります。

```
x = 4
```

　この問題には予想して確認する方法を使った解法が最も適しています。すべての数を手で当てはめてみるのはかなり骨の折れる作業ですが、Pythonを使えばあっという間です！もし答えが整数にはならないようであれば、❸の行を変更してx += .25[*1]のようにもっと小さな値でインクリメントしていけばいいでしょう。

4.1.1　1次方程式の解の公式を見つける

　$2x + 5 = 13$のような方程式は、解の公式を見つけることでも解くことができます。解の公式が見つかれば、それをPythonプログラムとして実装できます。$2x + 5 = 13$のような式は、変数の次数が高々1なので**1次方程式**（first-degree equation）と習った覚えがあるのではないでしょうか。また、数の1乗がその数そのものと等しいということを覚えている人もいると思います。

　実際、すべての1次方程式はa, b, c, dそれぞれが別の数を表すとして、$ax + b = cx + d$という式で表現できます。1次方程式の例としては以下のようなものがあります。

$$3x - 5 = 22$$
$$4x - 12 = 2x - 9$$
$$\frac{1}{2}x + \frac{2}{3} = \frac{1}{5}x + \frac{7}{8}$$

　等号の左右にはxの項と、xと無関係な数である**定数**（constant）項があります。変数xに結びつく数は**係数**（coefficient）と呼ばれます。たとえば$3x$の係数は3です。

　式の片側にしかxの項がない式もありますが、それらはxの係数が0だということです。たとえば最初の式$3x - 5 = 22$ですが、等号の右側には22しかありません。

$$ax + b = cx + d$$
$$3x - 5 = 0 + 22$$

[*1]　訳注：.25は0.25と同じです。

一般式に当てはめると、$a = 3, b = -5, d = 22$です。cの値だけなくなっているように見えますが、実際にはそうではありません。何もないように見えるのは$cx = 0$、つまりcが0だということです。

では代数の知識を少し使って、$ax + b = cx + d$をxについて解いてみましょう。この式のxを見つけることができれば、同じ形式の式をすべて解くことができます。

まず、両辺からcxとbを引くことでxの項が片側にまとまるようにします。

$$ax - cx = d - b$$

そしてaxとcxをxでまとめます。

$$x(a - c) = d - b$$

最後に左辺をxだけにするために両辺を$a - c$で割ると、xの値をa, b, c, dで表すことができます。

$$x = \frac{d - b}{a - c}$$

この式を使うと、すべての係数 (a, b, c, d) がわかっている1次方程式であればxの値が計算できます。では1次方程式を解くPythonプログラムを作成していきましょう。

4.1.2　equation()関数を作成する

一般式の4つの係数を受け取ってxの解を表示するプログラムを作成するために、IDLEで新しいPythonファイルを開いて、algebra.pyという名前で保存します。そしてa, b, c, dの4引数をとる関数を定義して、先ほどの公式に対応する位置へ配置します（**例4-2**）。

例4-2　xを計算するプログラム

```
def equation(a, b, c, d):
    """ax + b = cx + dの形式の
    方程式を解く"""
    return (d - b) / (a - c)
```

1次方程式の解は以下の通りでした。

$$x = \frac{d - b}{a - c}$$

　つまり係数を引数にとって、上の式に当てはめれば$ax + b = cx + d$という形式の式にあるxの値を計算できるというわけです。まず、equation()関数が4つの係数を引数にとるようにします。そして(d - b) / (a - c)という式で一般式の解を表します。

　ではこれまでの例としても出てきていた$2x + 5 = 13$を計算してみましょう。Python shellを起動して、>>>のプロンプトに続けて以下のコードを入力して [Enter] キーを押します。

```
>>> equation(2, 5, 0, 13)
4.0
```

　方程式の4つの係数をこの関数に渡すと、4という解が得られます。実際、xに4を代入すると等式が成立することがわかります。うまくいきました！

課題**4-1**　さらに別の x を解く

　例4-2で作成したプログラムを使って$12x + 18 = -34x + 67$を解きなさい。

4.1.3　値を返す代わりに解を print() で表示する

　例4-2では結果をprint()で表示するのではなく、returnで値を返すようにしていました。returnであれば、結果の数を変数に割り当てて再利用できます。例4-3のように、xの解をreturnで返す代わりにprint()で表示させると何が起こるか見てみましょう。

例4-3　print()の場合は結果を保存できない

```
def equation(a, b, c, d):
    """ax + b = cx + dの形式の
    方程式を解く"""
    print((d - b) / (a - c))
```

この関数を呼び出すと、画面に表示される結果としては変わりません。

```
>>> x = equation(2, 5, 0, 13)
4.0
```

```
>>> print(x)
None
```

　しかし x の値を print() で表示させようとすると、結果が保存されていないので思う通りの結果が得られません。このように、関数の返り値を後で使い回すことができるようになるので、結果を単に表示するのではなく、return で値を返した方が便利です。**例4-2**のように return を使ったのはこのような理由があったからです。

　返り値が利用できるということを確認するために、**課題4-1**の式 $12x + 18 = -34x + 67$ の結果を変数 x に割り当てます。

```
>>> x = equation(12, 18, -34, 67)
>>> x
1.065217391304348
```

　まず、方程式の係数と定数を表す4つの値を指定して equation() 関数を呼び出し、方程式の解となる返り値を変数 x に割り当てます。そして単に x と入力することにより、その値を表示させています。そうすると変数 x に方程式の解が保存されていることがわかるので、元の式に x の値を代入し直すことで正しい答えだったのかどうかを確認します。

　以下のコードを入力して、$12x + 18$ という左辺の値がいくつになるか計算します。

```
>>> 12 * x + 18
30.782608695652176
```

　答えは 30.782608695652176 でした。次に左辺 $-34x + 67$ を計算します。

```
>>> -34 * x + 67
30.782608695652172
```

　小数点以下15位にあるわずかな違いを除けば、どちらの結果もおよそ 30.782608 になりました。したがって、1.065217391304348 は方程式の解 x の値として適切だと言えるでしょう！このように、単に計算結果を画面に1度出力して終わりにするのではなく、関数の返り値として変数に保存できるようにした方が応用が利くのです。それとも 1.065217391304348 という数字を何度も何度も繰り返し入力したいでしょうか？

課題**4-2**　分数係数

　69ページに記載されている以下のやや複雑な方程式をequation()で解きなさい。

$$\frac{1}{2}x + \frac{2}{3} = \frac{1}{5}x + \frac{7}{8}$$

4.2　高次方程式を解く

　ここまでで1次方程式を解くプログラムが完成したので、もっと難しい問題に挑戦してみましょう。たとえば$x^2 + 3x - 10 = 0$というような2次の項を持つ方程式の解を求めるには、さらに複雑な処理が必要です。この式は**2次方程式**（quadratic equations）と呼ばれ、一般式は$ax^2 + bx + c = 0$という形になります。a, b, cはあらゆる数、すなわち正負の整数、分数、小数になりますが、aだけは例外で、0になりません。aが0になると1次方程式になってしまうからです。1次方程式では答えが1つでしたが、2次方程式には答えが2つあります。

　2次方程式は$ax^2 + bx + c = 0$を変形することで得られる、以下のような**解の公式**（quadratic formula）を使って解くことができます。

$$x = \frac{-b \pm \sqrt{b^2 - 4ac}}{2a}$$

　2次方程式の解の公式は非常に強力で、$ax^2 + bx + c = 0$の式にあるa, b, cの値が何であっても、公式にそれぞれを代入して計算するだけで答えが求められます。

　たとえば$x^2 + 3x - 10 = 0$の係数はそれぞれ1, 3, -10です。これらの公式に当てはめると以下のようになります。

$$x = \frac{-3 \pm \sqrt{3^2 - 4(1)(-10)}}{2(1)}$$

　xを左辺に残したまま計算すると以下のようになります。

$$x = \frac{-3 \pm \sqrt{49}}{2} = \frac{-3 \pm 7}{2}$$

そうすると2つの解が得られます。

$$x = \frac{-3 + 7}{2}$$

1つの解は2です。

$$x = \frac{-3 - 7}{2}$$

もう1つの解は−5です。

2次方程式中のxに解それぞれを代入すると、等式が成り立つことが確認できます。

$$(2)^2 + 3(2) - 10 = 4 + 6 - 10 = 0$$
$$(-5)^2 + 3(-5) - 10 = 25 - 15 - 10 = 0$$

次は解の公式を使って2次方程式の2つの解を返すような関数を作成します。

4.2.1　quad()関数を使って2次方程式を解く

では以下の2次方程式をPythonで解けるようにしましょう。

$$2x^2 + 7x - 15 = 0$$

そこで、係数 (a, b, c) を引数にとり、2つの解を返す関数quad()を作成します。ただしその前にまずmathモジュールにあるsqrt関数をインポートして使えるようにします。sqrt関数を使うと、電卓のルート記号ボタンと同じく、Pythonで平方根を計算できます。このメソッドは正の数には機能しますが、負の数を入力すると以下のようにエラーになります。

```
>>> from math import sqrt
>>> sqrt(-4)
Traceback (most recent call last):
  File "<pyshell#11>", line 1, in <module>
    sqrt(-4)
ValueError: math domain error[*1]
```

IDLEで新しいPythonファイルを開いて、polynomials.pyという名前で保存します。そしてmathモジュールからsqrtをインポートできるよう、ファイルの先頭に以下の行を記述します。

[*1]　訳注：「数学関数の定義域エラー」という意味です。

```
from math import sqrt
```

そして**例4-4**のコードを入力してquad()関数[*1]を定義します。

例4-4　2次方程式の解の公式で方程式を解く

```
def quad(a, b, c):
    """a*x**2 + b*x + c = 0形式の
    方程式の解を計算する"""
    x1 = (-b + sqrt(b ** 2 - 4 * a * c)) / (2 * a)
    x2 = (-b - sqrt(b ** 2 - 4 * a * c)) / (2 * a)
    return x1, x2
```

quad()関数はa, b, cの3引数をとり、それらを2次方程式の解の公式に代入します。x1には2次方程式の「1つ目の解」、x2には「2つ目の解」を割り当てています。

ではこのプログラムが$2x^2 + 7x - 15 = 0$のxを求められるかどうかテストしてみましょう。a, b, cそれぞれに2, 7, -15を代入すると以下のような結果が表示されるはずです。

```
>>> quad(2, 7, -15)
(1.5, -5.0)
```

このように、xの2つの解は1.5と - 5、すなわちこの2つの値が$2x^2 + 7x - 15 = 0$を満たすはずです。そこで確認のために、元の式$2x^2 + 7x - 15 = 0$のxを置き換えて計算してみます。1つ目が1.5、2つ目が - 5を入力した結果です。

```
>>> 2 * 1.5 ** 2 + 7 * 1.5 - 15
0.0
>>> 2 * (-5) ** 2 + 7 * (-5) - 15
0
```

成功です！ どちらの値も元の方程式を成立させることが確認できました。今後はequation()やquad()を使えばいつでも2次までの方程式が計算できるようになりました。では続いて、さらに高次の方程式を解く方法を考えてみることにしましょう！

[*1]　訳注：quad()関数は2次方程式の解をタプル(x1, x2)として返します。タプルとは値を変更できないシーケンスのことです。

4.2.2　plug()関数を使って3次方程式を解く

代数の授業では$6x^3 + 31x^2 + 3x - 10 = 0$のように、3次の項を含むような方程式
（3次方程式）を解きなさいという問題がよく出題されます。この3次方程式は、**例4-1**
で作成したplug()関数を改良して、ブルートフォースメソッドで解くことができます。
例4-5のコードをIDLEで入力して確認してみましょう。

例4-5　plug()を使って3次方程式を解く　　　　　　　　　　　　　**plug.py**

```
def g(x):
    return 6 * x ** 3 + 31 * x ** 2 + 3 * x - 10

def plug():
    x = -100
    while x < 100:
        if g(x) == 0:
            print("x =",x)
        x += 1
    print("完了。")
```

まず、6 * x ** 3 + 31 * x ** 2 + 3 * x - 10を計算するための関数
g(x)を定義します。そしてこのg(x)に－100から100までの整数を代入していきま
す。もしg(x)が0になれば、解が見つかったわけなので、その値を出力します。

plug()関数を呼び出すと、以下のような結果になります。

```
>>> plug()
x = -5
完了。
```

このことから－5が解であることがわかりましたが、2次方程式の場合からも推測で
きる通り、x^3の3次項には解が最大3つあります。先ほどのようにブルートフォースメ
ソッドで解を見つけることもできますが、今のままでは他の解があるかどうか、またそ
れらの値を求めることもできません。幸い、取り得るすべての入力値と、それらに対応
する出力を確認する良い方法があります。それが**グラフ化**（graphing）です。

4.3　方程式をグラフィカルに解く

この節では、高次の方程式をグラフ化する便利なツールとしてProcessingを使います。Processingを使うと高次方程式を視覚的に解くことができます！ まだProcessingをインストールしていない場合には、xviiページにある「Processingのインストール」の手順に従ってインストールしてください。

4.3.1　Processingの基本

Processingはプログラミング環境であり、コードを簡単に視覚化できるグラフィックライブラリでもあります。Processingのサンプルページ（https://processing.org/examples/）に行けば、クールでダイナミックでインタラクティブなアート作品が多数見つけられます。Processingはプログラミングのアイディアを書き留めておくスケッチブックと思えばいいでしょう。事実、Processingプログラムは**スケッチ**（sketch）と呼ばれます。**図4-2**はPythonモードで作成したProcessingスケッチの一例です。

図4-2　Processingスケッチの例

見ての通り、コードを入力するためのウィンドウと、コードを可視化して表示するための**ディスプレイウィンドウ**（display window）があります。このスケッチは、小さな円を描くだけの単純なプログラムです。今後、本書で作成するProcessingスケッチは必ず

setup()とdraw()というProcessing組み込み関数を含みます。setup()は画面左上にある三角形の再生ボタン（▷）を押してから1回だけ実行される関数で、draw()関数は再生ボタンの隣にある停止ボタン（◼）を押すまで無限に繰り返し実行されます。

　図4-2のsetup()では、size()関数を使ってウィンドウサイズを縦横600ピクセルに設定しています。draw()では、ellipse()関数を使って円を描くようにしています。どこにどのくらいの大きさで描くのでしょう？ ellipse()関数には4つの引数を指定していて、それぞれ円の*x*座標、*y*座標、幅、高さを表します。

　円が画面の中央、数学的に言えば**原点**（origin）(0, 0)に描かれていることに注目してください。ただしProcessingやその他多くのグラフィックライブラリでは、(0, 0)は一般的には画面の左上を表します。したがって画面の中央に円を描くには、ウィンドウの幅（600）と高さ（600）の半分の位置を計算する必要があります。そのため、(0, 0)ではなく(300, 300)を指定しているわけです。

　Processingにはellipse()のように、さまざまな図形を描くための関数が用意されています。楕円や三角形、四角形、円弧など、図形を描画する関数の一覧については、リファレンスページ（https://processing.org/reference/）を参照してください。Processingで図形を描画する方法について、詳しくは次章で説明します。

> **NOTE** Processingのエディタで表示されるコードの文字色はIDLEのものとは異なります。たとえば**図4-2**のProcessingコードにおいて、defは緑になっていますが、IDLEではオレンジで表示されます。

4.3.2　独自のグラフツールを作成する

　Processingの準備が整ったところで、方程式の解がいくつあるのか見つけ出せるようなグラフツールを作成することにしましょう。まず、方眼紙のような青いグリッドを描けるようにします。次に、*x*軸と*y*軸を黒線で描きます。

4.3.2.1　グラフのサイズ設定

　グラフのグリッド線（格子線）を描くには、まず表示ウィンドウのサイズを設定する必要があります。Processingでは表示ウィンドウのサイズをsize()で設定できます。デフォルトでは縦横600ピクセルですが、これから作成するグラフツールでは、*x*軸と*y*軸それぞれ−10から10までを範囲とします。

Processingで新しいファイルを開いて、gridという名前で保存します[*1]。エディタが
Pythonモードになっていることを確認してください。**例4-6**のコードを入力して、グラ
フに表示させたいxとyの値の範囲を設定します。

訳者補

Processingで日本語入力をすると、そのままでは文字化けしてしまいます。
［ファイル］-［設定］から「エディタとコンソールのフォント」でフォントを
変更すれば、日本語が表示できるようになります。

例4-6　グラフのxとyの値の範囲を設定　　　　　　　　　　　**grid.pyde**

```
# xの値の範囲を設定
xmin = -10
xmax = 10

# yの値の範囲
ymin = -10
ymax = 10

# 範囲を計算
rangex = xmax - xmin
rangey = ymax - ymin

def setup():
    size(600, 600)
```

例4-6ではxminとxmaxの2つの変数を使ってグリッドのx軸の最小値と最大値を
設定した後、同じく2つの変数でy軸の最小値と最大値を設定しています。次に、x軸
の幅をrangex、y軸の幅をrangeyに設定しています。x軸の幅rangexはxmaxか
らxminを引いて計算できます。y軸の幅も同様です。

今作成しているグラフは縦横600単位も必要としないので、x座標とy座標にスケー
ル因子（scale factor）を掛けて縮小することになります。この後のコードでは、グラフ

[*1]　訳注：Processingでファイルを新規に保存すると、保存時に指定したファイル名と同じ
名前のフォルダが作られ、その中に.pydeという拡張子を持つPythonコードファイルと、
Processing設定用のファイルが作られます。この例のように、gridという名前で保存すると、
gridフォルダの中にgrid.pydeとsketch.propertiesが作成されます。

化するには必ずx座標とy座標にスケール因子を掛けるという処理が必要になることを覚えておいてください。もし忘れてしまうと、グラフが正しく表示されなくなります。**例4-7**のコードをsetup()に追加して、この処理が行われるようにします。

例4-7　スケール因子で座標をスケーリングする　　　　　　　　　**grid.pyde**

```
def setup():
    global xscl, yscl
    size(600, 600)
    xscl = width / rangex
    yscl = height / rangey
```

まずグローバル変数xsclとysclを宣言しています。これらは画面をスケーリングするために使います。xsclとysclはそれぞれx軸とy軸のスケール因子を表します。たとえばもしx軸の範囲を600ピクセルとする（あるいは表示画面幅をフルに使う）場合にはxsclは1になります。また、−150から150までを範囲とするのであればwidth（600）をrangex（300）で割った値2がx軸のスケール因子になります。

今回は−10から10までの範囲20で600を割った値、すなわち30がスケール因子です。これ以降では、x座標とy座標に30を掛けることで、画面上で正しい位置に表示されるようスケールアップします。幸い、スケーリングはすべてコンピュータが計算してくれます。単にグラフにする際にはxsclとysclを使うということだけ覚えておけばいいのです！

4.3.2.2　グリッドの描画

グラフの寸法が設定できたので、方眼紙のようなグリッド線を描画します。setup()関数内の処理は1回だけしか実行されません。そしてdraw()という名前の関数を用意することで、この関数が無限に呼ばれ続けるようになります。setup()とdraw()はどちらもProcessingの組み込み関数で、これらの関数の名前を変えてスケッチを実行させることはできません。**例4-8**のコードを追加して、draw()関数を作成します。

例4-8　グラフ用に青色のグリッド線を描画する　　　　　　　　　**grid.pyde**

```
# xの値の範囲を設定
xmin = -10
```

```
xmax = 10

# yの値の範囲
ymin = -10
ymax = 10

# 範囲を計算
rangex = xmax - xmin
rangey = ymax - ymin

def setup():
    global xscl, yscl
    size(600, 600)
    xscl = width / rangex
    yscl = height / rangey

def draw():
    global xscl, yscl
    background(255)   # 白
    translate(width / 2, height / 2)
    # シアン色の線
    strokeWeight(1)
    stroke(0, 255, 255)
    for i in range(xmin, xmax + 1):
        line(i * xscl, ymin * yscl, i * xscl, ymax * yscl)
        line(xmin * xscl, i * yscl, xmax * xscl, i * yscl)
```

　まず、global xscl, ysclとすることで、これらの変数を新しく作成するの
ではなく、グローバルに定義済みのものを使うということをPythonに伝えます。そ
して値255を指定することで背景色を白に設定します。本書ではProcessingの
translate()関数を使って図形を上下左右に移動させます。translate(width
/ 2, height / 2)というコードは原点 (x, y座標がともに0) を画面左上から中央
に移動させています。そしてstrokeWeight()で線の太さを設定します。1は最も
細い線ですが、大きい数字を設定すればもっと太い線を描くこともできます。また、
stroke関数を使って線の色を設定することもできます。ここではRGB値が(0, 255,
255)、つまり赤が0、緑と青が最大値255のシアン (スカイブルー) を設定しています。
　そして青線を描くコードを40回繰り返す代わりに、forループを使ってグリッド線

を描画します。作成しようとしているグラフはxminからxmaxまでの範囲になるので、xmaxを含むxminからxmaxまでグリッド線を描きます。

RGB値

RGB値とは、赤、緑、青の値をこの順序で組み合わせた値のことです。それぞれの値は0から255までの範囲内で指定します。たとえば(255, 0, 0)というRGB値は「赤が最大、緑と青はなし」という意味です。黄色は赤と緑だけの組み合わせになり、シアン（スカイブルー）は緑と青だけの組み合わせになります。

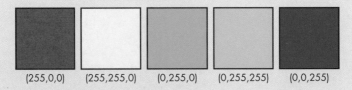

他の色も赤と緑と青の組み合わせで表現できます。

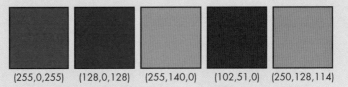

他の色については「RGB Tables」などでWeb検索してみてください。

　Processingでは、始点と終点のx, y座標を表す4つの数字を指定することで直線を描くことができます。縦線の場合には以下のようにします。

```
line(-10, -10, -10, 10)
line(-9, -10, -9, 10)
line(-8, -10, -8, 10)
```

　ただしrange(x)は（既に説明した通り）xを含まないので、forループではxminからxmax + 1までとすることでxmaxが範囲内に含まれるようにします。
　横線も同じようにします。

```
line(-10, -10, 10, -10)
line(-10, -9, 10, -9)
line(-10, -8, 10, -8)
```

今回はxの値がxminの-10とxmaxの10に固定されたまま、yの値を$-10, -9, -8$と変化させています。yminからymaxまでのループをもう1つ追加しましょう。

```
for i in range(xmin, xmax + 1):
    line(i, ymin, i, ymax)
for i in range(ymin, ymax + 1):
    line(xmin, i, xmax, i)
```

このコードのままでグラフを表示させると、x, y座標は-10から10までになっていますが、画面としては0から600までの大きさなので、画面中央に小さな青い四角が表示されるだけになってしまいます。この原因は、x, y座標にスケール因子をかけ忘れたからです！グリッドが正しく表示されるよう、コードを以下のように更新してください。

```
for i in range(xmin, xmax + 1):
    line(i * xscl, ymin * yscl, i * xscl, ymax * yscl)
for i in range(ymin, ymax + 1):
    line(xmin * xscl, i * yscl, xmax * xscl, i * yscl)
```

では続いて、x軸とy軸を用意しましょう。

4.3.2.3 x軸とy軸の作成

x軸とy軸を表す2つの黒線を追加するために、まずstroke()関数を呼んで線の色を黒に設定します（0が黒で255が白です）。そして$(0, -10)$から$(0, 10)$までの縦線と、$(-10, 0)$から$(10, 0)$までの横線を描きます。これらの座標にスケール因子を掛けることを忘れないようにしてください。ただし0の場合は掛けても値が変わりません。

グリッドを描くコードが完成すると**例4-9**のようになります。

例4-9 グリッド線を作成する　　　　　　　　　　　　　　　　　　**grid.pyde**

```
# シアン色の線
strokeWeight(1)
stroke(0, 255, 255)
for i in range(xmin, xmax + 1):
```

```
        line(i * xscl, ymin * yscl, i * xscl, ymax * yscl)
    for i in range(ymin, ymax + 1):
        line(xmin * xscl, i * yscl, xmax * xscl, i * yscl)
    stroke(0)   # 黒の軸線
    line(0, ymin * yscl, 0, ymax * yscl)
    line(xmin * xscl, 0, xmax * xscl, 0)
```

［実行］ボタンを押すと、**図4-3**のような良い感じのグリッドが表示されるはずです。

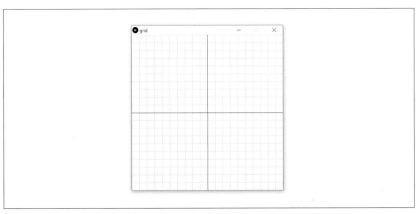

図4-3 グラフ用のグリッドを作成。1度実装すれば使い回せます！

　これで完成のように見えますが、たとえば(3, 6)の位置に点（実際には小さな円）を描いてみると問題が残っていることがわかります。以下のコードをdraw()関数に追加してみてください。

grid.pyde

```
# 円を描くテスト
fill(0)
ellipse(3 * xscl, 6 * yscl, 10, 10)
```

実行すると**図4-4**のようになるはずです。

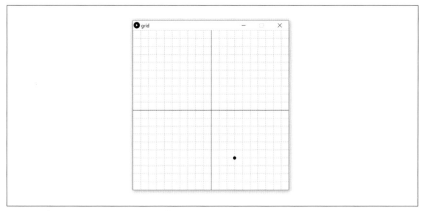

図4-4 グラフの問題を確認。あと一歩！

　見ての通り、点は$(3, 6)$ではなく$(3, -6)$の位置に描画されています。つまりグラフの上下が逆転してしまっているのです！この問題を修正するには、setup()で計算したy座標スケール因子の正負を反転させます。

```
yscl = -height / rangey
```

これで**図4-5**のように正しい位置に点が表示されるようになりました。

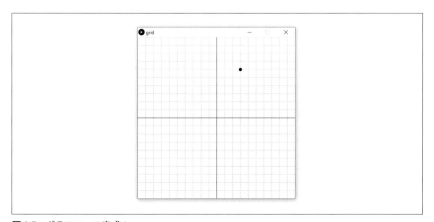

図4-5 グラフツール完成！

　グラフツールが完成したので、方程式をグラフ表示する関数にまとめます。

4.3.2.4　grid()関数の作成

　コードを整理整頓するために、グリッドを作成したコードを grid() という名前の独自の関数にします。そして**例4-10**のように、draw() 関数の中で grid() を呼ぶようにします。

例4-10　グリッド用のコードを別関数として分離　　　　　　　　　　　　　**grid.pyde**

```
def draw():
    global xscl, yscl
    background(255)
    translate(width / 2, height / 2)
    grid(xscl, yscl)  # グリッドを描画

def grid(xscl, yscl):
    # グラフ用のグリッドを描画
    # シアン色の線
    strokeWeight(1)
    stroke(0, 255, 255)
    for i in range(xmin, xmax + 1):
        line(i * xscl, ymin * yscl, i * xscl, ymax * yscl)
    for i in range(ymin, ymax + 1):
        line(xmin * xscl, i * yscl, xmax * xscl, i * yscl)
    stroke(0) # 黒の軸線
    line(0, ymin * yscl, 0, ymax * yscl)
    line(xmin * xscl, 0, xmax * xscl, 0)
```

　プログラミングでは、コードを関数としてまとめる作業を頻繁にすることになります。**例4-10**を見ると、draw() 関数の処理内容がはっきりわかるようになっています。これで3次方程式 $6x^3 + 31x^2 + 3x - 10 = 0$ を解く準備が整いました。

4.3.3　方程式をグラフ表示する

　グラフを描画すると x についての解が複数あるような多項式でも直感的かつ視覚的に解けるようになります。しかし $6x^3 + 31x^2 + 3x - 10 = 0$ のような複雑な方程式の前に、まずは単純な放物線を描いてみましょう。

4.3.3.1 グラフに点を打つ

例4-10で作成したdraw()関数に続けて以下の関数を追加してください。

grid.pyde

```
def f(x):
    return x ** 2
```

このコードでは、f(x)という名前の関数を定義しています。数xを使って、関数の出力値を計算したいというわけです。ここでは、xを2乗した値を返すようにしています。数学の授業では、伝統的に関数をf(x)，g(x)，h(x)というような表記で表します。プログラミングの場合、伝統的な名前付けのルールなどはありません！ 先の関数をparabola(x)というような名前にすることもできますが、ここでは一般的な関数名f(x)をそのまま使うことにします。

複雑な関数をグラフ表示する前に、まずはこの単純な放物線のグラフを描きます。放物線上の点はxとそれに対応するyの値で求められます。ループを使って、整数値のxについて点を描画してみると、**図4-6**のようにまばらな点のグループになります。

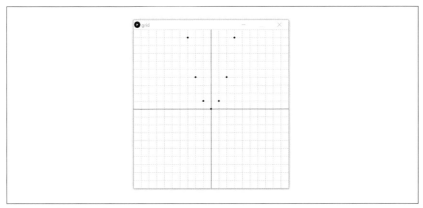

図4-6 まばらな点のグラフ

ループを改良すると、**図4-7**のようにもう少しまとまった点のグループにできます。

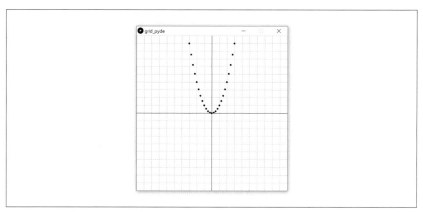

図4-7　もっと点がまとまったグラフ。ただしまだなめらかな曲線にはなっていない

　点と点を結ぶ線を描くと、もっとなめらかな曲線を描くことができます。点と点との間が十分に近ければほとんど曲線に見えるようになるでしょう。まず、f(x)に続けて、graphFunction()関数を追加します。

4.3.3.2　点を結ぶ

graphFunction()関数では、まずxの初期値をxminにします。

grid.pyde

```
def graphFunction():
    x = xmin
```

　グラフがグリッド全体に描かれるようにするために、xの値をxmaxになるまで増加させます。つまり「xの値がxmax以下であれば」ループを繰り返すようにします。

```
def graphFunction():
    x = xmin
    while x <= xmax:
```

　曲線を描くには、点と次の点までを0.1区切りの直線で結びます。対象の関数が曲線を描くものであったとしても、直線として描かれる2点間が非常に近いので、結果からは直線だとはわからないくらいになります。たとえば$(2, f(2))$と$(2.1, f(2.1))$の距離はとても近いので、出力されたグラフは最終的には曲線のように見えます。

```
def graphFunction():
    x = xmin
    while x <= xmax:
        fill(0)
        line(x * xscl, f(x) * yscl, (x + 0.1) * xscl, f(x + 0.1) * yscl)
        x += 0.1
```

このコードは、xminからxmaxまでのf(x)の値を計算してグラフを描く関数です。
xの値がxmax以下であれば、$(x, f(x))$から$((x + 0.1), f(x + 0.1))$までの直線を描きま
す。xの値をループごとに0.1ずつ増加させていることに注意してください。

grid.pydeのコード全体は**例4-11**のようになります。

例4-11 放物線をグラフ表示するコードの完成形　　　　　　**grid.pyde**

```
# xの値の範囲を設定
xmin = -10
xmax = 10

# yの値の範囲
ymin = -10
ymax = 10

# 範囲を計算
rangex = xmax - xmin
rangey = ymax - ymin

def setup():
    global xscl, yscl
    size(600, 600)
    xscl = width / rangex
    yscl = -height / rangey

def draw():
    global xscl, yscl
    background(255)  # 白
    translate(width / 2, height / 2)
    grid(xscl, yscl)
    graphFunction()

def f(x):
    return x ** 2
```

```
def graphFunction():
    x = xmin
    while x <= xmax:
        fill(0)
        line(x * xscl, f(x) * yscl, (x + 0.1) * xscl, f(x + 0.1) * yscl)
        x += 0.1

def grid(xscl, yscl):
    # グラフ用のグリッドを描画
    # シアン色の線
    strokeWeight(1)
    stroke(0, 255, 255)
    for i in range(xmin, xmax + 1):
        line(i * xscl, ymin * yscl, i * xscl, ymax * yscl)
    for i in range(ymin, ymax + 1):
        line(xmin * xscl, i * yscl, xmax * xscl, i * yscl)
    stroke(0)    # 黒の軸線
    line(0, ymin * yscl, 0, ymax * yscl)
    line(xmin * xscl, 0, xmax * xscl, 0)
```

実行すると、**図4-8**のように期待通りの曲線になります。

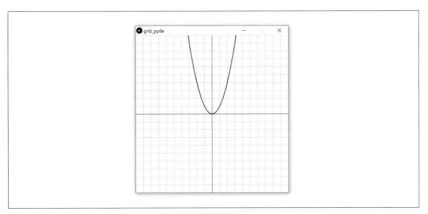

図4-8 良い感じの放物線グラフ！

続いて、対象となる関数をもっと複雑なものにしてみても、簡単にグラフを描くことができます。

grid.pyde

```
def f(x):
    return 6 * x ** 3 + 31 * x ** 2 + 3 * x - 10
```

このわずかな変更だけで結果が**図4-9**のように変わりますが、関数が黒線で描かれています。関数をたとえば赤線で描くには、graphFunction()関数のfill(0)をstroke(255, 0, 0)に変更します。

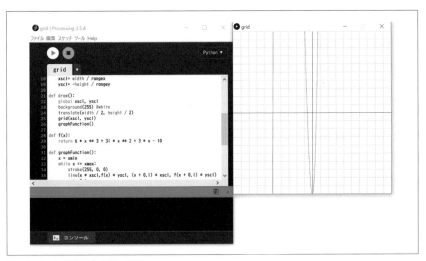

図4-9 多項式関数のグラフ表示

素晴らしいことに、f()を1行変更しただけで、別の関数をグラフ表示するプログラムができあがりました! 方程式の解 (**根**:root) はグラフがx軸と交わる位置にあります。このグラフでは、xが-5と、-1から0の間、0と1の間の3カ所です。

4.3.4 数当ての要領で根を見つける

3章では数当てのための機能を作成しました。このメソッドを使って、$6x^3 + 31x^2 + 3x - 10 = 0$の根、あるいは方程式の解を計算しましょう。まず$0$と$1$の間から探します。およそ$0.5$くらいでしょうか? それを確認するためには、方程式に0.5を代入すればよいでしょう。ではIDLEで新しいファイルguess.pyを作成してから、以下のコードを入力してください。

```
def f(x):
    return 6 * x ** 3 + 31 * x ** 2 + 3 * x - 10

>>> f(0.5)
0.0
```

　このように、xが0.5の場合、関数の返り値は0になるので方程式の解の1つが$x = 0.5$であることがわかります。

　次に−1から0の間にある根を探します。−1から0までの平均をとるところから始めましょう。

```
>>> f(-0.5)
-4.5
```

　$x = -0.5$では結果が0ではなくマイナスになりました。グラフを見ると、予想が大きすぎたことがわかるので、根は−1から−0.5の間にあることがわかります。これらの端点の平均をとって次の計算をしてみます。

```
>>> f(-0.75)
2.65625
```

　今度はプラスになったので、小さすぎました。つまり−0.75と−0.5の間に答えがあります。

```
>>> f(-0.625)
-1.23046875
```

　まだ大きすぎました。そろそろ面倒になってきたので、これらの手順をPythonにやらせることにしましょう。

4.3.5　guess()関数の作成

　下限と上限の平均を繰り返し取ることで方程式の解を計算するような関数を作成します。この関数は、先のグラフのように関数の値がプラスからマイナスに切り替わってx軸を通過するところでうまく機能します。マイナスからプラスになるような場合には

少し変更が必要です。全体のコードは**例4-12**の通りです。

例4-12　方程式を解くための guess メソッド

```
"""推測用のメソッド"""
def f(x):
    return 6 * x ** 3 + 31 * x ** 2 + 3 * x - 10

def average(a, b):
    return (a + b) / 2.0

def guess():
    lower = -1
    upper = 0
❶   for i in range(20):
        midpt = average(lower, upper)
        if f(midpt) == 0:
            return midpt
        elif f(midpt) < 0:
            upper = midpt
        else:
            lower = midpt
    return midpt

x = guess()

print(x, f(x))
```

　まず、解こうとしている方程式を f(x) として定義します。そして2つの数の平均を計算する average() を定義しています。この関数は毎回のループで呼び出すことになります。そして先のグラフから推測した下限-1から上限0までの区間を調べる guess() メソッドを定義します。

　このメソッドでは、for i in range(20): ❶とすることで対象の区間を20個に等分割してループ処理しています。推測値は上限と下限の平均 (中央値) にします。そしてこの中央値を f(x) に代入して、結果が0であればその値が根だということがわかるわけです。結果が負の場合は推測値が大きすぎたということなので、上限を中央値で置き換えて次の推測値を計算します。逆に小さすぎた場合には、下限を置き換えて次の推測値を計算します。

推測を20回繰り返しても解が得られなかった場合、その時点の中央値と、関数の返り値を返します。

このメソッドを実行すると、実行結果は以下のようになります。

```
-0.6666669845581055 9.642708896251406e-06
```

1つ目の値は x の値で、およそ −2 / 3です。2つ目の値は f(x) に −2 / 3を代入した結果です。末尾にある e-06 は指数表記で、9.64の小数点を左に6つ移動させた値が実際の値であることを表しています。つまり f(x) の値は 0.00000964 で、ほぼ 0 です。このように、数当てゲームを発展させて方程式の解が得られるようになったこと、そして100万分の1の単位でしか誤差のない解がほんの数秒で得られるようになったことは実に驚きではないでしょうか！ Python と Processing のような無料のソフトウェアを使っていても数学の問題を探究できるという素晴らしさがわかりましたね。

ループの回数を20から40に増加させると、さらに0に近い値を求められます。

```
-0.6666666666669698 9.196199357575097e-12
```

f(-0.6666666666669698) あるいは f(-2 / 3) を確認してみます。

```
>>> f(-2 / 3)
0.0
```

これで一致したので、$6x^3 + 31x^2 + 3x - 10 = 0$ の解 x は −5, −2/3, 1/2 の3つだということがわかりました。

課題4-3 さらに根を計算する

作成したグラフ化ツールを使って、$2x^2 + 7x - 15 = 0$ の根を計算しなさい。なお根はグラフが x 軸と交わる位置、あるいは関数の返り値が0になる x を指す。quad() 関数を使って解が正しいことを確認すること。

4.4 まとめ

数学の授業では、何年もかけて高次の方程式を解く方法について教えられます。この章では、予想して確認する方法を使うことで手軽にプログラムで方程式を解けること

を説明しました。また、解の公式やグラフ表示によっても方程式を解けることも説明しました。実のところ、どれだけ複雑な方程式であっても、グラフ化したりx軸との交点を計算したりすることによって方程式を解くことができます。値の範囲を繰り返し半分にして計算することで、任意の精度で解を計算できます。

　また、代数を応用することにより、オブジェクトのサイズや座標というような、さまざまな値に変化する変数を使用するプログラムを作成できました。それにより、変数を1カ所変更するだけでプログラム内のすべての値が自動的に置き換わるようになりました。さらに、変数を使ってループや関数の呼び出しを変更することもできます。以降の章では、エネルギー量や重力といった実世界モデルにおける変数あるいは定数をプログラム上の変数として使うことになります。変数を駆使することで、値を簡単に変更したり、モデルをさまざまな面から捉えられるようにしたりできるようになります。

　次の章ではProcessingを使って、三角形を回転させたり、カラフルなグリッドを描画させたりできるような、インタラクティブなグラフィックを作成していきます。

5章
幾何学で図形を変換する

ある日の軽食店にて、ナスルディン (Nasrudin) は彼の家が売り出し中との公告を出しました。そして客の一人が詳細を尋ねたところ、彼はレンガを1つ取り出して言いました。「これがたくさん積み上がったやつです」

—イドリース・シャー (Idries Shah)

　幾何学の授業では図形を使って空間の次元を把握する方法を学びます。一般的にはまず1次元の線、2次元の円や四角形、三角形、そして球や立方体などの3次元のオブジェクト (object) を学びます。最近は無料のソフトウェアを使って幾何学図形を描くことができるようになったとはいえ、図形を操作したり変化させたりといったことはまだ難しいこともあります。

　この章ではProcessingのグラフィックスパッケージの機能を使って、図形を操作する方法を説明します。まずは円や三角形といった基本的な図形から始めて、フラクタルやセルオートマトンといった複雑な図形に応用していきます。また、複雑に見える図形を簡単なコンポーネントに分解する方法についても説明します。

5.1　円を描く

　まず単純な1次元の円を描くところからはじめます。Processingで新しいスケッチを開いて、geometryという名前で保存します。そして例5-1のコードを入力して、画面上に円を描きます。

例5-1　円を描く   **geometry.pyde**

```python
def setup():
    size(600, 600)

def draw():
    ellipse(200, 100, 20, 20)
```

円を描く前に、スケッチブックのサイズ、すなわち**座標平面**（coordinate plane）を決めます。今回はsize()関数を使って、幅600ピクセル、高さ600ピクセルにします。

座標平面を設定した後は、ellipse()関数を使って座標平面上に円を描きます。最初の2つの引数200と100は円の中央の座標を指定します。200が*x*座標で、100が*y*座標なので、(200, 100)の位置を中心にした円を描くことになります。

残る2つの引数には円の幅と高さをピクセルで指定します。今回は幅20ピクセル、高さ20ピクセルにします。これらの値が同じということは、円周上の点が中央から等距離にあるということを示すので、真円を描くことになります。

［Run］ボタン（再生ボタン）をクリックすると、**図5-1**のように新しいウィンドウ上で小さな円が表示されます。

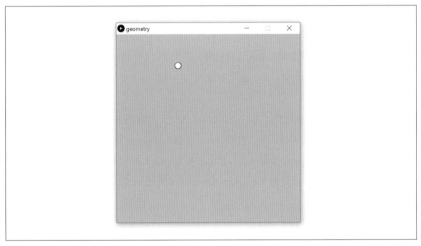

図5-1　例5-1を実行して小さな円を表示する

Processingには図形を描くための関数が多数用意されています。他の関数については https://processing.org/reference/ を参照してください。

さてこれでProcessingで円を描く方法がわかったので、この単純な形を使ってダイナミックでインタラクティブなグラフィックを作る準備ができました。そこで、まずは位置と変形について説明します。まずは位置の説明をしましょう。

5.2 座標を使って位置を特定する

例5-1では、ellipse()関数の最初2つの引数でグリッド上における円の位置を指定しました。同じように、Processingで何らかの形を描く場合には、座標系を指定する必要があります。つまり (x, y) という2つの数字の組が必要です。数学では、グラフの原点 ($x = 0$ かつ $y = 0$) を**図5-2**のように画面の中央にとります。

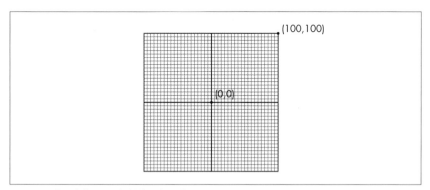

図5-2 原点を中央とした伝統的な座標系

しかしコンピュータグラフィックスの場合、やや異なる座標系が採用されます。**図5-3**のように原点を画面の左上として、x を増やすと右方向に、y を増やすと下方向に位置するような座標系になります。

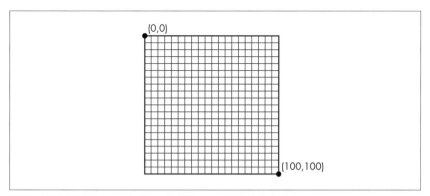

図5-3 原点を左上としたコンピュータグラフィックスにおける座標系

この平面上の各座標は、画面上のピクセルを表します。見ての通り、値が負になる

座標は処理する必要がありません。以降では、この座標系をもとにして、徐々に複雑な図形を変形したり移動したりする予定です。

　円を1つ描くだけであれば簡単ですが、複数の図形を描こうとすると途端に難しくなります。たとえば**図5-4**のようなデザインの絵を描くことにしましょう。

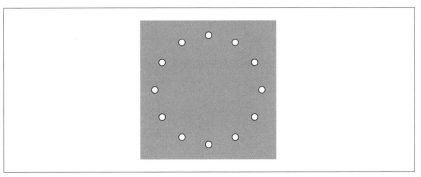

図5-4　円を並べて円を描く

　それぞれの円のサイズと位置を設定して、それらをきちんと等間隔に並べようとすると、おそらくは同じようなコードを何度も繰り返さなければいけないように思うでしょう。しかしありがたいことに、それぞれのx座標とy座標が厳密にわからなくてもこの図を描くことが可能です。Processingにはグリッド上の思い通りの位置にオブジェクトを配置するための機能がそろっています。

　まずは単純なコードから始めて確認することにしましょう。

5.3　変換用の関数

　幾何学の授業では、紙と鉛筆を使って一連の点をちまちまと1つずつ動かすことで図形を変換させることができると学んだかもしれません。しかしプログラミングにかかれば簡単に図形を変換できます。実際、変換できないようなコンピュータグラフィックスには価値がないとも言えるでしょう！ 移動や回転のような幾何学変換を使うと、元のオブジェクト自体を変化させることなく、オブジェクトの位置や見た目を変更することができます。たとえば三角形を違う場所に移動させたり、形を変えずに回転させたりといったことができます。Processingには簡単にオブジェクトを移動したり回転したりするような組み込みの変換用関数が多数用意されています。

5.3.1 translate()によるオブジェクトの移動

　図形の**平行移動**（translate）とは、図形のすべての点を同じ方向かつ同じ距離で移動させることにより、図形の位置を変換させることを言います。つまり、図形の形状を変えたり、傾けたりすることなく、グリッド上の図形を移動させることができるわけです（以後、平行移動のことを、単に移動とも言います）。

　数学の授業では、オブジェクトを移動させる場合はオブジェクトを表すすべての点の座標を手作業で変換すると学んだことでしょう。しかしProcessingを使えば、オブジェクトの座標はそのままに、グリッドごと移動させることもできます！　例として、画面に四角形を描きます。geometry.pydeを再利用して、**例5-2**のように変更します。

例5-2　四角形を描いて移動させる　　　　　　　　　　　　　　　　　　　　**geometry.pyde**

```
def setup():
    size(600, 600)

def draw():
    rect(20, 40, 50, 30)
```

　ここではrect()関数を使って四角形を描いています。最初の2つの引数は四角形の左上の座標を指定します。続く2つの引数はそれぞれ幅と高さを指定します。

　このコードを実行すると**図5-5**のように四角形が表示されます。

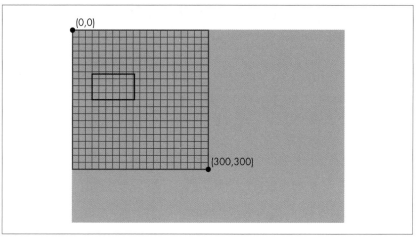

図5-5　左上を原点とした標準の座標系

> **NOTE**　**図5-5**から**図5-8**までの図では参考用にグリッド線を表示していますが、実際には画面上には表示されません。

　ではコードを**例5-3**のように変更して、Processing上で四角形を移動させてみましょう。

例5-3　四角形の移動　　　　　　　　　　　　　　　　　　　　　　　　　　　**geometry.pyde**

```
def setup():
    size(600, 600)

def draw():
    translate(50, 80)
    rect(50, 100, 100, 60)
```

　このコードでは translate() 関数を使って四角形を移動させています。引数には水平（x軸）方向の移動距離と、垂直（y軸）方向の移動距離を指定します。つまり translate(50, 80) とすると、**図5-6**のように右に50ピクセル、下に80ピクセル移動することになります。

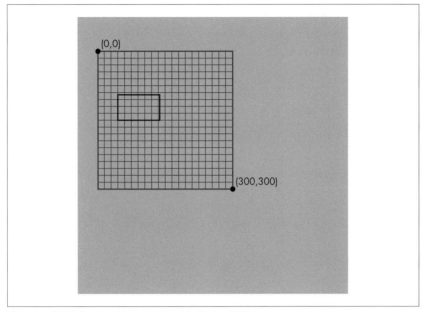

図5-6 四角形を右に50ピクセル、下に80ピクセル移動

キャンバスの中央を原点(0, 0)とした方が便利(かつ簡単)なことが多々あります。そこで、translate()を使って原点を中央に移動させましょう。また、同じ関数を使ってキャンバスの縦横のサイズを変更することもできます。Processingの組み込み変数widthとheightを使ってみましょう。これらの変数を使うと、数字を手入力せずとも自動的にキャンバスのサイズデータを取得できます。実際の動作を確認するために、**例5-3**のコードを**例5-4**のように更新します。

例5-4 widthとheightの変数を使って四角形を移動させる　　　**geometry.pyde**

```
def setup():
    size(600, 600)

def draw():
    translate(width / 2, height / 2)
    rect(50, 100, 100, 60)
```

setup()関数の中でsizeを呼び出す際に指定した値に応じて、キャンバスのサイ

ズがwidthとheight変数に格納されます。今回のようにsize(600, 600)とすれば、どちらの変数も600ピクセルを表します。translate()の行を定数ではなく、translate(width / 2, height / 2)とすることによって、キャンバスのサイズにかかわらず、常に原点(0, 0)がウィンドウの中央になるようにしています。widthとheightはProcessingによって自動的に更新されるため、コード中に定数を埋め込んだり、それらを手で更新したりする必要がなくなります。

　書き換えたコードを実行すると**図5-7**のように表示されます。

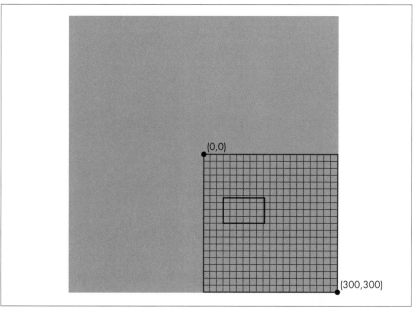

図5-7　グリッドが画面の中央に移動された状態

　原点を表すラベルは(0, 0)のままになっていることに注意してください。これはつまり、座標平面における原点自体を移動させたわけではなくて、座標平面自体を移動させたことにより、原点が画面中央になったという状態です。

5.3.2　rotate()を使ってオブジェクトを回転させる

　幾何学における**回転**（rotation）とは変換の一種で、ある中心点を基準にしてオブジェクトを回転移動させることです。たとえば軸の周りを移動させることも回転のうちの

1つです。Processingの rotate() 関数は原点(0, 0)を中心にしてグリッドを回転させます。この関数は原点(0, 0)に対して回転させる角度を引数として1つとります。回転角の単位はラジアンで、高校数学で習う範囲です。1周を360度とする代わりに、2πラジアン(約6.28)とします。(筆者と同じように)度の方がわかりやすいということであれば、radians() 関数を使うことで簡単に度をラジアンに変換できます。

rotate()の動作を確認するために、これまでのスケッチでは draw() 関数内で呼び出していた translate() を**図5-8**のように書き換えて実行してみます。そうすると**図5-8**のような結果になることがわかります。

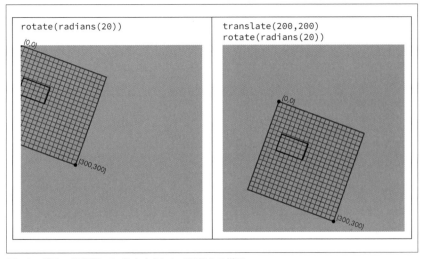

図5-8 グリッドが常に(0, 0)を中心にして回転する様子

図5-8の左の図ではグリッドが画面左上にある原点(0, 0)を中心にして20度回転しています。右の図ではまず原点が右に200単位、下に200単位移動された**後に**、グリッドが回転しています。

rotate() 関数を使って以下のようにすれば、**図5-4**のようにオブジェクトを簡単に円周上に描けます。

1. 円の中心位置となるよう移動(translate)する
2. グリッドを回転(rotate)させて、円周上に円を描く

Processingでキャンバス上のオブジェクトを別の場所に移動させる方法がわかった

ので、**図5-4**を作り直してみましょう。

5.3.3　円からなる円を描く

図5-4のように円周上に並んだ円を描くには、`for i in range()`ループを使って、円が等間隔に並ぶようにします。まず、すべての円を描くには円と円の間の角度をどのくらいにすればいいか計算する必要があります。1周が360度であることに注意してください。

この設計に従って、**例5-5**のコードを入力します。

例5-5　円形のデザインを描く　　　　　　　　　　　　　　　　　　　**geometry.pyde**

```
def setup():
    size(600, 600)

def draw():
    translate(width / 2, height / 2)
    for i in range(12):
        ellipse(200, 0, 50, 50)
        rotate(radians(360 / 12))
```

`draw()`関数内にある`translate(width / 2, height / 2)`でまずグリッドを画面中央に移動させています。そして`for`ループを使って、最初の2つの引数にある通り、(200, 0)を始点とした円をグリッド上に描いています。続く引数では円の幅と高さをそれぞれ50に設定しています。最後に、次の円を描く前にグリッドを360/12度、つまり30度回転させています。なお`rotate()`を呼び出す際に、`radians()`関数を使って30度をラジアンに変換していることに注意してください。つまり円と円の間隔が30度になっています。

このスケッチを実行すると**図5-9**のように表示されるはずです。

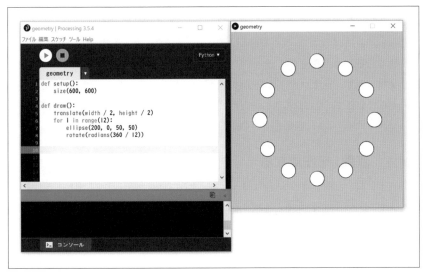

図5-9 変形を使って円形のデザインを作る

このように円を円周上にきちんと並べることができました!

5.3.4 四角形を円周上に描く

例5-5のリストを書き換えて、四角形を円周上に描くようにしてみましょう。以下のようにellipseをrectに置き換えるだけです。

geometry.pyde

```
def setup():
    size(600, 600)

def draw():
    translate(width / 2, height / 2)
    for i in range(12):
        rect(200, 0, 50, 50)
        rotate(radians(360 / 12))
```

簡単でしょう?

5.4　オブジェクトをアニメーションさせる

　Processingにはオブジェクトをアニメーションさせて、ダイナミックなグラフィック
スを作る機能が多数用意されています。最初のアニメーションではrotate()関数を
使います。通常、rotate()は呼ばれると即座に反映されるため、何が起きているの
かわからないまま、単に回転後の結果だけが確認できます。しかし今回は時間変数tを
使って、リアルタイムに回転していく様子を確認できるようにしましょう！

5.4.1　変数tを作成する

　円周上に描いた円を使って、アニメーションするプログラムを作成しましょう。まず、
setup()よりも前で**t = 0**と追加することで変数tを作成して、値0で初期化します。
そして**例5-6**のように、forループの前後にもコードを追加します。

例5-6　変数tを追加   **geometry.pyde**

```python
t = 0

def setup():
    size(600, 600)

def draw():
    translate(width / 2, height / 2)
    rotate(radians(t))
    for i in range(12):
        rect(200, 0, 50, 50)
        rotate(radians(360 / 12))
    t += 1
```

　ただしこのコードをそのまま実行すると、以下のようなエラーが表示されます。

```
UnboundLocalError: local variable 't' referenced before assignment [*1]
```

　これは、Pythonでは関数の**内側**で作成された変数tが、その関数の外側で定義され
たt、すなわちグローバル変数として存在しているかどうか確認されないことが原因で
す。グローバル変数を使うためには、draw()関数の先頭で**global t**と書いて、グ
ローバル変数を参照していますよということを示す必要があるのです。

---

*1　訳注：「未割り当てのローカル変数 't' が参照されています」という意味です。

完成形のコードは以下の通りです。

geometry.pyde

```
t = 0

def setup():
    size(600, 600)

def draw():
    global t
    # 背景色を白に設定
    background(255)
    translate(width / 2, height / 2)
    rotate(radians(t))
    for i in range(12):
        rect(200, 0, 50, 50)
        rotate(radians(360 / 12))
    t += 1
```

このコードではまずtを0にして、tの値だけ回転させます。そしてtを1増やし、次のループを続けます。コードを実行してみると、**図5-10**のように四角が円周上を回転する様子が確認できます。

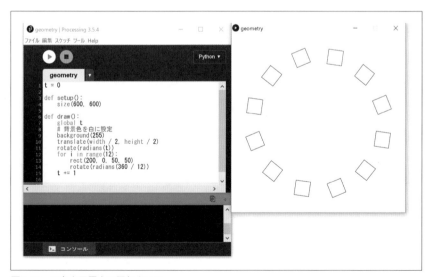

図5-10 四角を円周上に回転させる

いい感じです！では次はそれぞれの四角形を回転させてみましょう。

5.4.2 それぞれの四角形を回転させる

Processingでの回転は(0, 0)を中心として実行されるので、ループ内ではまずそれぞれの四角形を描くべき場所に移動して、それから回転させた後、四角形を描くようにする必要があります。ループ内のコードを**例5-7**のように変更します。

例5-7 それぞれの四角形を回転させる　　　　　　　　　　　　**geometry.pyde**

```
for i in range(12):
    translate(200, 0)
    rotate(radians(t))
    rect(0, 0, 50, 50)
    rotate(radians(360 / 12))
```

このコードでは、四角形を描きたい位置になるようグリッドを移動させて、回転させた後にrect()関数を使って四角形を描いています。

5.4.3 pushMatrix()とpopMatrix()を使って方向を保存する

例5-7を実行すると、少し奇妙な動作をしていることに気づくでしょう。四角形は中央を中心として回転しているわけではなく、中心を円周上で移動させながら**図5-11**のように表示されます。

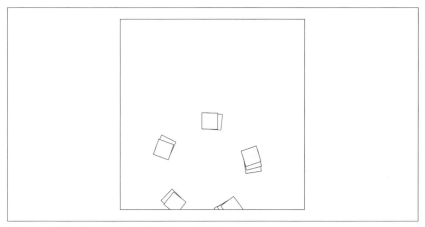

図5-11 四角形があちこちに飛び散らかっている！

これはグリッドの中心と方向を両方とも変更してしまったことが原因です。四角形の位置を移動させた後は、次の四角形を移動させるよりも前に、まず回転位置を中央に戻す必要があるのです。translate()関数をもう一度使って回転位置を戻すこともできますが、複数の処理を実行する場合もあるため、どうやって元に戻すべきかわからなくなることもあります。そこで、ありがたいことに手軽な方法があります。

Processingにはグリッドの向きを特定の位置で保存する関数pushMatrix()と、保存した向きに戻すための関数popMatrix()が用意されています。今回の場合、画面中央の位置で方向が保存できればいいということです。そのため、ループを再度変更して、例5-8のようにします。

例5-8 pushMatrix()とpopMatrix()を使う **geometry.pyde**

```
for i in range(12):
    pushMatrix()   # 方向を保存
    translate(200, 0)
    rotate(radians(t))
    rect(0, 0, 50, 50)
    popMatrix()    # 保存した方向に戻す
    rotate(radians(360 / 12))
```

pushMatrix()関数は、四角形からなる円の中央に対する座標系上の座標を保存します。そして四角形の位置を移動させ、回転させた後に四角形を描きます。次にpopMatrix()を呼んで四角形からなる円の中央へ戻るということを12回繰り返します。

5.4.4 中央を中心に回転する

先ほどのコードは完璧に見えますが、実は少しあやしい回転をしていました。というのも、Processingではデフォルトで四角形の左上座標が基準となっていて、左上座標を対象として回転処理が行われていたからです。そのため、四角形の移動する円周が広がったように見えることがありました。四角形を中心基準で回転させるには、setup()内に以下のコードを追加します。

```
rectMode(CENTER)
```

rectMode()で指定しているCENTERはすべて大文字で入力する必要があることに

注意してください（`rectMode()`に`CORNER`や`CORNERS`、`RADIUS`を指定するとそれぞれ異なる動作になります）。四角形をもっと速く回転させたい場合、`rotate()`の行で`t`の値を変更して、時間が早く経過したようにします。

```
rotate(radians(5 * t))
```

5は回転角の角周波数を表します。つまり`t`を5倍した角度だけ回転させるということです。それにより、以前と比べれば5倍の速度で四角形が回転するようになります。値を変えるとどうなるか確認してみてください！また、**例5-9**のようにループの外側にある`rotate()`の行をコメントアウトする（行の先頭に`#`を追記する）と、四角形がその場で回転するようになります。

例5-9　行を削除する代わりにコメントアウトする

```
translate(width/2, height/2)
# rotate(radians(t))
for i in range(12):
    rect(200, 0, 50, 50)
```

`translate()`や`rotate()`のような変形機能はダイナミックなグラフィックを作成する際に大変役立ちます。しかし呼び出す順序を間違えると思い通りの結果が得られなくなることに注意してください！

5.5　インタラクティブな虹色のグリッドを作る

ループや回転をさまざまな方法で組み合わせたデザインを作る方法を説明したので、次はもっと見栄えのいいものを作ってみましょう。マウスに追従して、虹色の連続した四角形が表示させてみます！最初の手順はグリッドの作成です。

5.5.1　オブジェクトのグリッドを描く

数学的な処理をする場合でも、マインスイーパのようなゲームでもグリッドが必要になります。グリッドはいくつかのモデルでも、後の章で出てくるセルオートマトンでも必要不可欠なので、グリッド作成機能を再利用可能にしておくことには十分意味があります。まず、サイズと余白が均一な20×20マスの四角形を作成します。このサイズのグリッドを作成するには手間がかかりそうですが、ループを使えば簡単にできます。

Processingの新しいスケッチを開いて、colorGridという名前で保存します。残念な
がら「grid」というファイル名は既に使ってしまっているからです。白地の背景に、20×
20の四角形を描きます。四角形を描くのはrect関数で、forループの中でさらにfor
ループを回すことで同じサイズかつ同じ余白の四角形を並べられます。また、30ピク
セルごとに25×25のサイズの四角形を描くようにします。

```
rect(30 * x, 30 * y, 25, 25)
```

変数xとyは1ずつ増加するので、四角形同士の隙間は5ピクセルになります。では
いつもの通り、setup()とdraw()を定義するところから始めましょう（**例5-10**）。

例5-10 Processingの標準構成としてsetup()とdraw()を定義　　　　　　**colorGrid.pyde**

```python
def setup():
    size(600, 600)

def draw():
    # 背景色を白に設定
    background(255)
```

ウィンドウのサイズを600×600ピクセルに設定した後、背景色を白に設定していま
す。次に2つのネストされたループを用意します。20行20列の四角形を描きたいので、
どちらのループも0から19までの合計20回実行されるようにします。**例5-11**はグリッ
ドを描くコードです。

例5-11 グリッド用のコード

```python
def setup():
    size(600, 600)

def draw():
    # 背景色を白に設定
    background(255)
    for x in range(20):
        for y in range(20):
            rect(30 * x, 30 * y, 25, 25)
```

このコードを実行すると、**図5-12**のように20×20マスの四角形が表示されます。

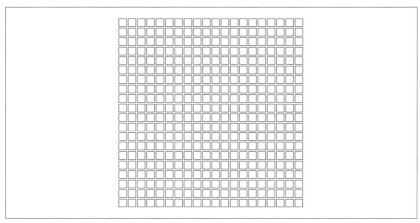

図5-12 20×20のグリッド！

5.5.2 オブジェクトに虹色を付ける

Processingの`colorMode()`は、スケッチに色を付ける場合に役立つ関数です。この関数を呼ぶと、RGBとHSBモードを切り替えられます。RGBは赤緑青の3色で色を作りますが、HSBでは色相（Hue）、彩度（Saturation）、明度（Brightness）で色を作ります。今回変更させる必要があるのは1番目の色相（Hue）の値だけです。他の2つの値は最大値255のままにします。**図5-13**は色相の値だけを変えた場合の色の変化を表しています。図にある値の色相と、彩度および明度が255の色を10パターン並べています。

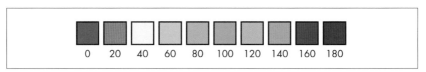

| 0 | 20 | 40 | 60 | 80 | 100 | 120 | 140 | 160 | 180 |

図5-13 HSBモードで色相だけを変えた場合の虹色

例5-11では(30 * x, 30 * y)の位置に四角形を描いていたので、この位置とマウスの位置との距離を計算する変数を用意します。

```
d = dist(30 * x, 30 * y, mouseX, mouseY)
```

Processingの`dist()`は2点間の距離を計算する関数で、ここでは四角形の座標とマウスの位置との距離を計算しています。この距離を変数dとして保存しておき、色相

と結びつくようにします。変更後のコードは**例5-12**のようになります。

例5-12　dist()関数を使う　　　　　　　　　　　　　　　　　　　　　　　　　**colorGrid.pyde**

```
def setup():
    size(600, 600)
    rectMode(CENTER)
❶   colorMode(HSB)

def draw():
    # 背景色を黒に設定
❷   background(0)
    translate(20, 20)
    for x in range(30):
        for y in range(30):
❸           d = dist(30 * x, 30 * y, mouseX, mouseY)
            fill(0.5 * d, 255, 255)
            rect(30 * x, 30 * y, 25, 25)
```

colorMode()にHSBを指定して呼び出しています❶。draw()関数内では、まず背景色を黒に設定しています❷。そしてマウスの位置と四角形の座標(30 * x, 30 * y)との距離を計算しています❸。次の行ではHSBの値を使って色を指定しています。色相の値は距離の半分にしていますが、彩度と明度は最大値である255固定です。

変化する値としては色相だけです。マウスの位置に応じて色相が増減します。距離はdist()に2点それぞれのx座標とy座標の4つを指定して計算できます。この関数の返り値が2点間の距離です。

このコードを実行すると、**図5-14**のようにマウスの位置に応じて色が変化するような鮮やかな画面が表示されます。

オブジェクトに色を付ける方法がわかったので、次はもっと複雑な形に挑戦してみましょう。

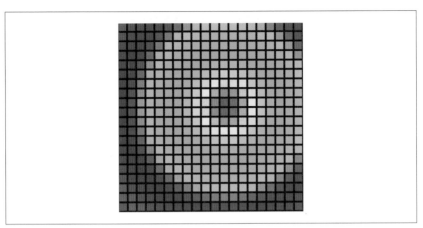

図5-14　グリッドに色を追加

5.6　三角形を使って複雑な図形を描く

　この節では、三角形を使ってスピログラフのような複雑なパターンを描きます。たとえばオスロ（Oslo）大学のロジャー・アントンセン（Roger Antonsen）氏が作成した**図5-15**のような、三角形を回転させたスケッチになります。

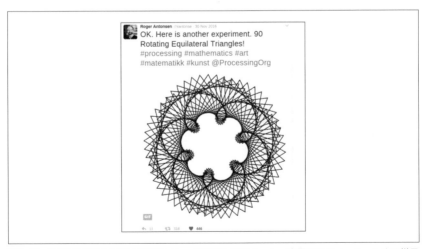

図5-15　90個の回転する正三角形のスケッチに関するツイート。実際にアニメーションする様子は彼のWebサイト（https://rantonse.no/en/art/2016-11-30）でも見ることができる。

　この節では、三角形を使ってスピログラフのような複雑なパターンを描きます。たとえばオスロ（Oslo）大学のロジャー・アントンセン（Roger Antonsen）氏が作成した**図5-15**のような、三角形を回転させたスケッチになります。

　オリジナルのグラフィックは動きのあるものですが、本書ではそれぞれの三角形が回転しているものだと想像してください。このスケッチは本当にすごいものでした！見た目からすると非常に複雑なのですが、それほど難しいこともなく作ることができるのです。この章の冒頭にあった、ナスルディンのレンガのジョークを覚えているでしょうか。このレンガと同じように、この複雑な模様も同じ形の組み合わせにすぎないのです。ではどのような形なのでしょうか。アントンセン氏がこのスケッチに付けたタイトル「90個の回転する正三角形」に手がかりがありました。つまり正三角形を描いて回転させるということを合計90回繰り返せばよさそうです。ではまず、triangle()関数を使って正三角形を描く方法から説明していきましょう。新しいProcessingスケッチを開いて、trianglesという名前で保存します。**例5-13**のコードでは三角形を回転させていますが、正三角形にはなっていません。

例5-13　回転する三角形を描く。ただし形状が違う　　　　　　**triangles.pyde**

```
def setup():
    size(600, 600)
    rectMode(CENTER)

t = 0

def draw():
    global t
    translate(width/2, height/2)
    rotate(radians(t))
    triangle(0, 0, 100, 100, 200, -200)
    t += 0.5
```

　例5-13では、（時間を表す）変数tを使って三角形の位置を移動させて、グリッドを回転させて、それから三角形を描くという、既に説明したものと同じ手順を使っています。最後にtをインクリメントさせてループを続けます。このコードを実行すると、**図5-16**のように表示されます。

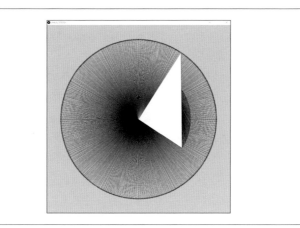

図5-16　1つの頂点を基準として三角形を回転させる

図5-16からもわかるように、三角形を**頂点**（vertices）、あるいは点中心にして回転させているため、外側の点によって円が描かれます。また、この三角形は正三角形ではなく、直角三角形（1つの角が90度の三角形）であることもわかります。

アントンセン氏のスケッチを再現するには、正三角形、つまり3辺の長さが等しい三角形を描く必要があります。また、正三角形の重心を見つけて、重心を基準として回転させる必要もあります。そのため、三角形の3つの頂点の座標を計算します。では3つの頂点から正三角形の重心を計算して、正三角形を描いてみましょう。

5.6.1　30-60-90度からなる三角形

正三角形の3つの頂点座標を計算するために、幾何の授業で習ったような特別な直角三角形の1つである**30-60-90度からなる三角形**を見ていきましょう。まず**図5-17**のような正三角形を考えます。

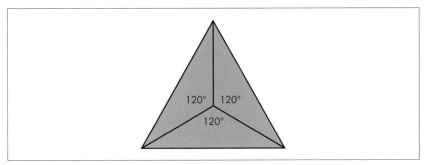

図5-17 3つの合同な三角形に分割した正三角形

　この正三角形は3つの合同な三角形の組み合わせになっています。中央の点は三角形の重心で、重心で交わる3つの線のなす角はそれぞれ120度です。**図5-17**の正三角形の頂点座標を計算するために、まずは**図5-18**のように下の部分の三角形を半分にします。

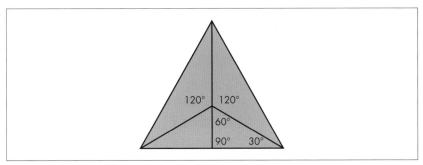

図5-18 正三角形を特別な三角形に分割

　下の三角形を30-60-90度からなる2つの直角三角形に分割します。既に説明した通り、この三角形の辺の比は**図5-19**のようになります。

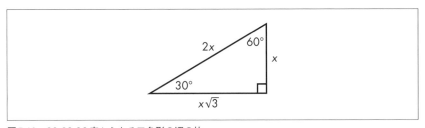

図5-19 30-60-90度からなる三角形の辺の比

　短い辺の長さをxとすると、斜辺の長さは2倍、つまり$2x$で、一番長い辺はxのルート3倍、およそ$1.732x$になります。いまここで作成しようとしている関数は、**図5-18**の正三角形の重心からの長さを使って30-60-90度の三角形と共通している頂点の座標を計算するためのものです。つまり、重心からの長さを使えばすべての計算ができるというわけです。たとえば斜辺の長さを length とすると、短い辺は半分の length / 2 になります。そして一番長い辺は length を2で割ってルート3を掛けた長さになります。**図5-20**は30-60-90度の三角形を拡大表示したものです。

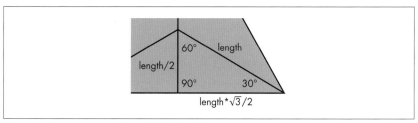

図5-20　一部の30-60-90度の三角形を拡大表示

　このように30-60-90度の三角形の内角はそれぞれ30度、60度、90度で、辺の長さも計算できます。この直角三角形の性質はピタゴラスの定理とも呼ばれるもので、後ほど改めて説明します。

　ここでは、正三角形の重心から頂点までの距離のことを「長さ」と呼ぶことにします。また、この長さは30-60-90度の三角形の斜辺でもあります。直角三角形の辺の比を応用することによって、正三角形の重心からの距離からそれぞれの頂点の座標を計算します。つまり3つの頂点座標を入力して、（元々描こうとしていた）正三角形が描けるというわけです。

　30度の角とは反対にある短い辺の長さは常に斜辺の半分で、一番長い辺は短い辺のルート3倍です。したがって、重心を基準として正三角形を描く場合、3つの頂点の座標は**図5-21**のようになります。

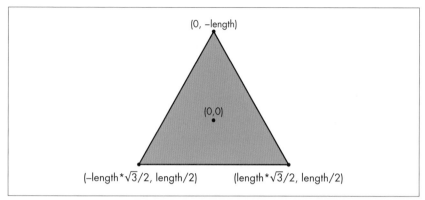

図5-21 正三角形の頂点

　既に説明した通り、すべての辺は30-60-90度の三角形の組み合わせになっているため、三角形の辺の比を応用することによって、それぞれの頂点が原点からどのくらい離れているかを計算できます。

5.6.2 正三角形を描く

　30-60-90度の三角形の頂点を派生させて正三角形を作れることがわかったので、**例5-14**のようにコードを直します。

例5-14 完成版の正三角形を回転させるコード　　　　　　　　**triangles.pyde**

```
def setup():
    size(600, 600)
    rectMode(CENTER)

t = 0

def draw():
    global t
    translate(width / 2, height / 2)
    rotate(radians(t))
    tri(200)    # 正三角形を描く
    t += 0.5

❶   def tri(length):
        """重心を基準にして
```

```
      正三角形を描く"""
❷     triangle(0, -length,
              -length * sqrt(3) / 2, length / 2,
              length * sqrt(3) / 2, length / 2)
```

　まず、正三角形の長さ length を引数にとる関数 tri() を作成します❶。この長さは、正三角形を特別な30-60-90度の三角形に分解した時の斜辺でした。tri() では、計算した3つの頂点を使って三角形を描きます。triangle() 関数の引数❷には、(0, -length) と (-length * sqrt(3) / 2, length / 2) と (length * sqrt(3) / 2, length / 2) の3つの頂点の座標を指定します。

　このコードを実行すると**図5-22**のように表示されます。

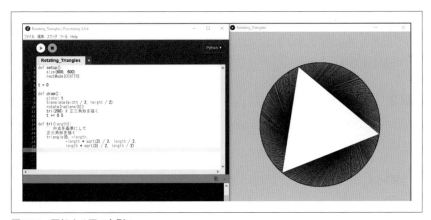

図5-22　回転する正三角形！

　最後に、仕上げとして draw() 関数の最初に以下のコードを追加します。

```
      background(255)   # 白
```

　このコードを追加すると、最後に描いた三角形以外が消されるようになるため、画面上には1つの三角形だけが描かれることになります（**図5-22**の右）。残る作業は、本章でも既にしたように、rotate() 関数を使って円周上に90個のこの三角形を描くことだけです。

課題5-1　回転サイクル

Processingスケッチ上で正三角形を作成して、rotate()関数を使ってそれを回転させること。

5.6.3　複数の回転する三角形を描く

1つの三角形を回転させる方法は既に説明した通りなので、あとは複数の回転する三角形を円周上に並べる方法を見つけるだけです。この処理は四角形を回転させた場合と似ていますが、今回の場合にはtri()関数を使うことになります。Processing上で**例5-15**のコードをdef draw()以下に入力して実行してみましょう。

例5-15　90個の回転する三角形　　　　　　　　　　　　　　　　　**triangles.pyde**

```
def setup():
    size(600, 600)
    rectMode(CENTER)

t = 0

def draw():
    global t
    background(255)  # 白
    translate(width / 2, height / 2)
❶   for i in range(90):
        # 三角形を円周上に
        # 等間隔で配置する
        rotate(radians(360 / 90))
❷       pushMatrix()  # 現在の方向を保存
        # 円周上に移動
        translate(200, 0)
        # それぞれの三角形を回転させる
        rotate(radians(t))
        # 三角形を描く
        tri(100)
        # 保存しておいた方向に戻る
❸       popMatrix()
```

```
    t += 0.5

def tri(length):

❹   noFill()   # 三角形を透明にする

    triangle(0, -length,
             -length * sqrt(3) / 2, length / 2,
             length * sqrt(3) / 2, length / 2)
```

❶では、forループを使って円周上に並べる90個の三角形を用意しています。それぞれの三角形は360を90で割った角度分ずれて配置します。そして❷では、グリッドを動かす前にpushMatrix()を呼び出して現在の位置を保存しています。ループの最後となる❸でpopMatrix()を呼び出して、保存しておいた位置に戻ります。また、tri()関数内の❹では、関数を透過して描くためにnoFill()の行を追加しています。

　これで回転する三角形を90個並べることができましたが、どの三角形も同じ速度で回転しています。これはこれで良い感じですが、アントンセン氏のスケッチには及びません。そこで次に、三角形の回転角にアレンジを加えて、もう少し面白いパターンになるようにしてみましょう。

5.6.4　回転をフェーズシフトする

　三角形の回転に**フェーズシフト**を加えて、隣接する三角形と回転角を少しずらすことによって、パターンが波打ったり、カスケード状になったりするようになります。それぞれの三角形にはiという変数で表される固有の値があります。このiとtをrotate(radians(t))の部分で以下のように組み合わせます。

```
rotate(radians(t + i))
```

このコードを実行すると**図5-23**のようになります。

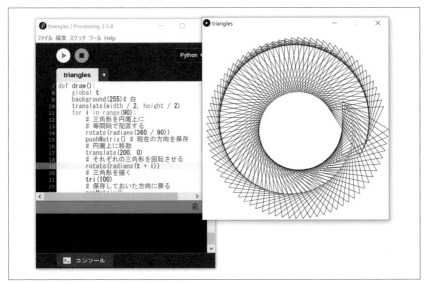

図5-23 フェーズシフトを加えた回転する三角形

　画面の右側でパターンが途切れている場所があることに気づくと思います。これは
三角形の最初と最後でフェーズシフトが連続していないことが原因です。そこで、もっ
と見栄えのいいシームレスなパターンになるようにするために、フェーズシフトを360
の倍数となるように調整します。今回は三角形が90個あるので、360を90で割ってか
らiを加えます。

```
rotate(radians(t + i * 360 / 90))
```

　360 / 90は4なので、直接この値をコードに埋め込むこともできますが、後で三角形
の個数を変えた場合に備えて、式をそのままコードにしています。コードを実行すると、
図5-24のようなシームレスなパターンが表示されるようになります。

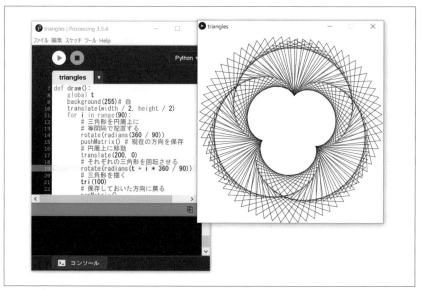

図5-24　フェーズシフトを加えてシームレスに回転する三角形

　フェーズシフトを360の倍数としたことで、パターンが崩れる場所がなくなりました。

5.6.5　デザインの最終形

　図5-15の見た目にさらに近づけるようにするため、もう少しフェーズシフトを変更しましょう。フェーズシフトを変更すると何が起こるか、是非いろいろ試してみてください！

　ここではiをさらに2倍にして、三角形同士のずれを大きくしてみましょう。rotate()の行を以下のように変更します。

```
rotate(radians(t + 2 * i * 360 / 90))
```

　変更後にコードを実行してください。**図5-25**のように、目指していたパターンとかなり近い見た目になりました。

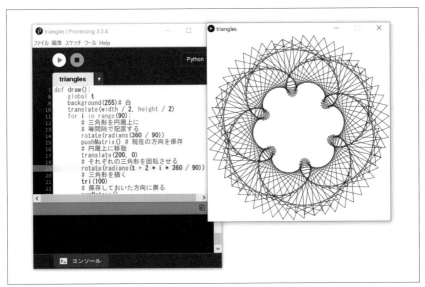

図5-25 図5-15のアントンセン氏による「回転する90個の正三角形」の再現

複雑なパターンでも再現できることがわかりましたので、以下の課題を解いてスキル
をテストしてみてください。

課題**5-2** 虹色の三角形

stroke()関数を使って、虹色の回転する三角形を描きなさい。
結果は以下のようになる。

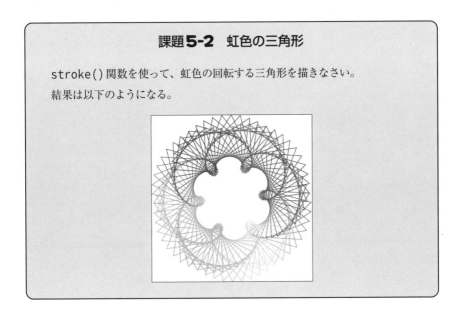

5.7　まとめ

この章では円や四角形、三角形を描く方法、そしてProcessingの組み込みの変形機能と組み合わせてさまざまなパターンを描く方法を説明しました。また、描いた図形をアニメーションさせたり、色を付けたりする方法についても説明しました。ナスルディンの家が単にレンガの組み合わせだったことと同じく、この章で出てきた複雑な図形の例は、いずれも単純な図形や機能の組み合わせでしかありません。

次の章では本章で学んだことを踏まえつつ、正弦関数や余弦関数などの三角関数と組み合わせて応用していく方法を説明します。これらを学ぶことにより、跡を残したり、多数の頂点から複雑な図形を描いたりといったさらに複雑な動作をする新しい関数を作れるようになります。

三角関数で振動を作る

我が家には首振りの扇風機があります。ファンの向きが左右に行ったり来たりするので、「いいえ」と首を横に振っているかのようです。ファンに「いいえ」と言いたがっているのか聞いてみたいところです。「髪をたなびかせないでくれる？ 紙を飛び散らかさないでくれる？ 3つ目の選択肢はある？ 嘘ばっかり！」うちのファンは嘘つきです。

——ミッチ・ヘドバーグ (Mitch Hedberg)

　三角法 (Trigonometry) とはその名の通り、三角形に関する学問領域の1つです。特に、直角三角形とその辺の比率を対象としています。しかし従来の三角法の授業からすると、研究し尽くされた分野のように思うかもしれません。**図6-1**はよくある三角法の課題から抜粋したものです。

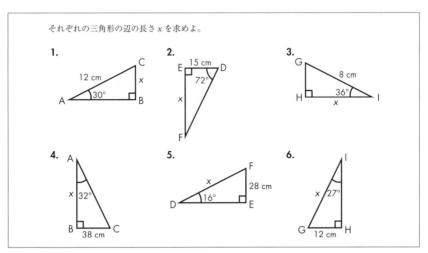

図6-1　従来の三角法の授業でありがちな、三角形の未知の辺の長さを計算させる課題

　三角法の授業で多くの人が思い出すのが、こういった未知の辺の長さを計算させる問題でしょう。**しかし実際のところ、三角関数をこのように使うことはまれです。**正弦（サイン）関数や余弦（コサイン）関数などの三角関数は、一般的には水の波、光波、音

波などの振動に対して使われます。4章にあったgrid.pydeで、関数を以下のように変更してみてください。

```
def f(x):
    return sin(x)
```

このコードを実行すると**図6-2**のようになります。

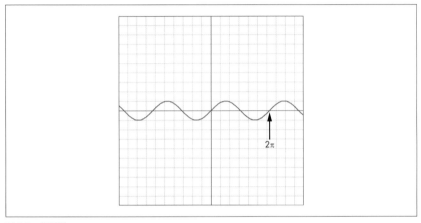

図6-2　正弦波

　x軸の値は正弦関数に入力する値で、単位はラジアンです。y軸は関数の出力値です。電卓やPythonシェルで sin(1) を計算すると0.84...から始まる小数が結果になるはずです。この値がx = 1の場合における波の高さになります。**図6-2**を見ると、この値はほぼ波の頂上に近い値です。また、sin(3) を計算すると0.14...になります。図と比べると、x = 3でほぼx軸と重なっています。xにいろいろな値を入力して計算してみると、1と‒1の間を**振動**（oscillating）、つまり上昇下降パターンで遷移していることが確認できます。波形パターンは6を超えたところで完全な波、あるいは1**波長**（wavelength）となっています。これは関数の**周期**（period）とも呼ばれます。正弦関数の周期は2π、あるいはおよそ6.28ラジアンです。学校の授業では波の形を描いただけで終わったでしょう。しかしこの章では正弦関数や余弦関数、正接関数を使ってリアルタイムの振動をシミュレーションします。また、Processingと三角法を組み合わせてダイナミックでインタラクティブなスケッチを作ります。メインとなる三角関数は**図6-3**の通りです。

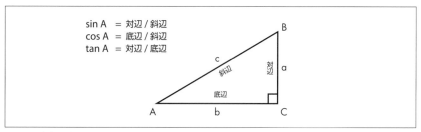

図6-3 直角三角形の辺の比

　本章では、三角関数を使って、いくつかの辺を持つ多角形（ポリゴン）や、（奇数個の）角を持った星形などを作成します。その後は正弦波を使って、円周上を移動する点を描きます。また、三角関数を必要とするスピログラフやハーモノグラフを作成します。さらに、円の内外を行き来させてカラフルな点を描いたりもします。

　ではまず、三角関数を使うことで以前よりも簡単に図形を変換、回転、振動させることができることを説明しましょう。

6.1　三角法を使って回転・振動させる

　正弦関数と余弦関数を使うと実に簡単に回転を実現できます。**図6-3**にあるように、$\sin A$ は底辺を斜辺で割った値、あるいは a を c で割った値です。

$$\sin A = \frac{a}{c}$$

　この式を a について解くと、斜辺に A の正弦を掛けた値になります。

$$a = c \sin A$$

　したがって y 座標は、原点からの距離に仰角の正弦を掛けた値として計算できます。**図6-4**のように、半径 r の円があり、斜辺が r で、原点 $(0, 0)$ を基準に回転する点の座標を計算することにします。

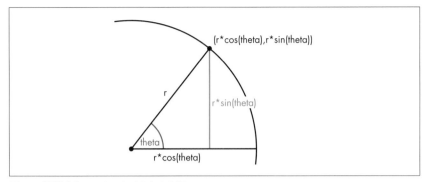

図6-4　極形式（Polar form）での点の座標

　点を回転させるには、円の半径を一定にしておき、シータ（θ）つまり仰角を変化させます。余弦または正弦に仰角（theta）を入力して半径rと掛け合わせて点の座標を計算する処理はすべてコンピュータが処理してくれます！なお余弦や正弦の入力値は度ではなくてラジアンであることに注意してください。ありがたいことにProcessingにはこれらの単位を切り替える関数radians()とdegrees()が用意されているので、必要に応じて単位を切り替えられます。

6.2　多角形を描く関数を作る

　中心を基準にして回転する点を頂点とみなすことにより、簡単に多角形を作ることができます。多角形は多数の辺を持った図形であることに注意してください。なお**正多角形**（regular polygon）とは、円周上に等間隔に置いた複数の点を結んだ多角形のことです。第5章では、幾何学を応用して正三角形を描きました。三角関数を使うことで図形を回転させることができるので、あとは**図6-4**に従って関数を作成すれば多角形を描くことができるようになります。

　Processingで新しいスケッチを開いて、polygonという名前で保存します。そして**例6-1**の通り、vertex()関数を使って多角形を描くコードを入力します。

例6-1　vertex()を使って多角形を描く　　　　　　　　　　　　　　**polygon.pyde**

```
def setup():
    size(600, 600)

def draw():
```

```
beginShape()
vertex(100, 100)
vertex(100, 200)
vertex(200, 200)
vertex(200, 100)
vertex(150, 50)
endShape(CLOSE)
```

line()を使って多角形を描くこともできますが、その場合は線分で囲んだ内側を色で塗りつぶすということができません。ProcessingではbeginShape()とendShape()の間でvertex()を呼び出すことにより、図形の頂点の座標を指定できます。これらの関数を使うことにより、多数の頂点を持った図形を描くことができます。

まずbeginShape()を呼んだ後、図形の頂点となる座標を指定してvertex()を複数回呼び、最後にendShape()を呼んで図形を完成させます。ここではendShape()関数の引数にCLOSEを指定しているため、最後の頂点と最初の頂点が自動的につながります。

このコードを実行すると**図6-5**のようになります。

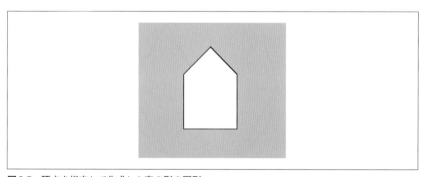

図6-5　頂点を指定して作成した家の形の図形

しかし点を4つも5つも手入力していては手間がかかりすぎます。ある位置を中心にして回転させて点を打つようなループを使った方が効率的です。次はこの処理をコードにします。

6.2.1　ループを使って六角形を描く

例6-2のコードを入力して、六角形の頂点をforループで入力します。

例6-2　forループ内でrotate()関数を使ってみる　　　　　　　　**polygon.pyde**

```
def draw():
    translate(width / 2, height / 2)
    beginShape()
    for i in range(6):
        vertex(100, 100)
        rotate(radians(60))
    endShape(CLOSE)
```

　ところがこのコードを実行してみると画面には何も表示されません！ rotate()関数は座標系全体を回転させてしまうため、この関数を使うことができないのです。そこで図6-4にあったように、正弦関数や余弦関数を使って頂点を回転させる必要があるわけなのです！

　図6-6では(r * cos(60 * i), r * sin(60 * i))という式を使うことで六角形の頂点を作成しています。i = 0の場合、三角関数の引数は0になり、i = 1の場合には60度になるということです。

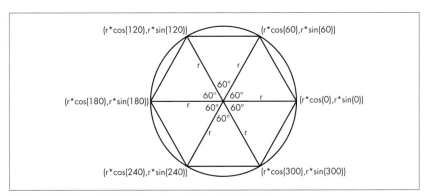

図6-6　正弦関数と余弦関数を使って中心を基準に点を回転させる

　この六角形をコードにするには、中心からの距離を表す変数rを用意します。この値はループを通して不変です。変更しなければいけないのはsin()とcos()の引数だけで、それぞれ60度の倍数にします。一般的には以下のようなコードになります。

```
for i in range(6):
    vertex(r * cos(60 * i), r * sin(60 * i))
```

まず**図6-7**のように、iを0から5までループさせて、それぞれの頂点が60の倍数の角度 (0, 60, 120など) になるようにします。rを100とし、度をラジアンになるようコードを変更します。

例6-3 六角形を描く **polygon.pyde**

```
def setup():
    size(600, 600)

def draw():
    translate(width / 2, height / 2)
    beginShape()
    for i in range(6):
        vertex(100 * cos(radians(60 * i)),
               100 * sin(radians(60 * i)))
    endShape(CLOSE)
```

rを100にして度をラジアンにしたので、このコードを実行してみると**図6-7**のように六角形が表示されます。

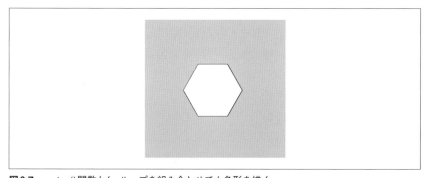

図6-7 vertex()関数とforループを組み合わせて六角形を描く

実のところ、同じように処理することで**あらゆる**多角形を描くことができます!

6.2.2 正三角形を描く

ではこの関数を応用して、正三角形を描いてみましょう。第5章では平方根を使って正三角形を描きましたが、**例6-4**のようにループを使うことで、より簡単に描くことが

できます。

例6-4　正三角形を描く　　　　　　　　　　　　　　　　　　　　**polygon.pyde**

```
def setup():
    size(600, 600)

def draw():
    translate(width / 2, height / 2)
    polygon(3, 100)    # 辺の数は3で、中心から頂点までの距離は100単位

def polygon(sides, sz):
    """辺の数と中心からの距離を指定して多角形を描く"""
    beginShape()
    for i in range(sides):
        step = radians(360 / sides)
        vertex(sz * cos(i * step),
               sz * sin(i * step))
    endShape(CLOSE)
```

　この例では、辺の数（sides）と多角形の大きさ（sz）を指定して多角形を描く関数polygon()を作っています。それぞれの頂点は360をsidesで割った角度ずつ回転させます。六角形の場合、辺の数が6なので60度ずつ回転させることになります（360 / 6 = 60）。polygon(3, 100)の行では辺の数が3で、中央から頂点までの距離を100とした多角形を描いています。

　このコードを実行すると**図6-8**のようになります。

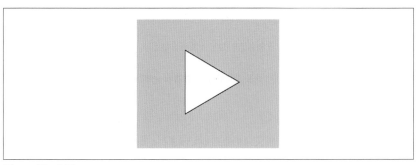

図6-8　正三角形！

これで簡単に多角形を描けるようになりました。平方根は使っていません！ **図6-9**で
はpolygon()を使ってさまざまな多角形を描いています。

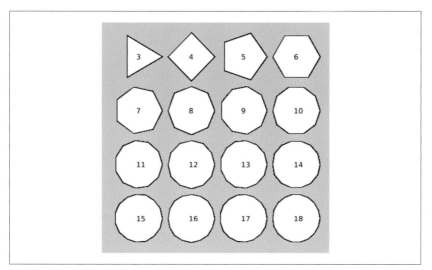

図6-9　あらゆる多角形！

polygon(3, 100)のコードを書き換えて、どのような多角形になるのかいろいろ
試してみてください！

6.3　正弦波を作る

この章の冒頭にあるミッチ・ヘドバーグ氏の小話のように、正弦関数と余弦関数を使
うと回転や振動をさせることができます。正弦関数と余弦関数で円周上にある点の高
さを計算し続けると、波形を作ることができます。もっとわかりやすくするために、円
周上の点（赤い丸）を連続して描くことで正弦波ができる様子を可視化してみましょう。
赤い点が円周上を移動するにつれて、点の高さが正弦波を描きます。

Processingで新しいスケッチを開いて、CircleSineWaveという名前で保存します。
画面左には**図6-10**のような大きい円を描きます。コードを見る前に自分で実装できる
か試してみてください。

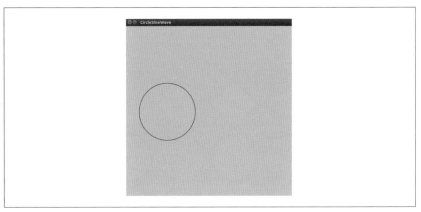

図6-10　正弦波の初期スケッチ

例6-5のコードでは、大きな円の円周上にある点を赤い丸で表示しています。

例6-5　円と点　　　　　　　　　　　　　　　　　　　**CircleSineWave.pyde**

```
r1 = 100   # 大きい円の半径
r2 = 10    # 小さい円の半径
t = 0      # 時間用の変数

def setup():
    size(600, 600)

def draw():
    background(200)
    # 画面の左中央に移動
    translate(width / 4, height / 2)
    noFill()    # この円には色を付けない
    stroke(0)   # 黒線
    ellipse(0, 0, 2 * r1, 2 * r1)

    # 回転する円:
    fill(255, 0, 0)   # 赤
    y = r1 * sin(t)
    x = r1 * cos(t)
    ellipse(x, y, r2, r2)
```

　まず2つの円の半径用の変数と、点を移動させるための時間を表す変数tを宣言します。draw()関数では背景色をグレーに設定し（background(200)）、画面の中心を移動させて、半径r1の大きい円を描きます。そして極座標のxとyを使って円周上を動く点を描きます。

　この点が円周上を動くようにするためには、三角関数の引数をいろいろな値（今回は変数t）に変化させるだけです。draw()関数の最後では、以下のようにして時間用の変数を少しだけ増やしています。

```
t += 0.05
```

　コードをこの状態で実行すると「local variable 't' referenced before assignment」[*1]というエラーになります。Pythonの関数にはローカル変数を定義できますが、draw()関数内ではグローバル変数tを使いたいので、draw()関数の最初のあたりで以下の行を追加しておきます。

```
global t
```

　これで、**図6-11**のように円周上を赤い点が移動するようになります。

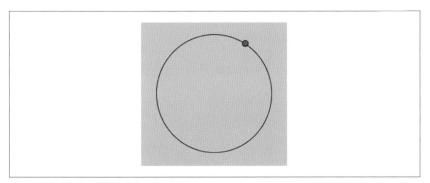

図6-11　大きな円の円周上を赤い点が移動する

　次に、画面の右側へ波形を描くことにします。赤い点からたとえば$x = 200$まで緑の線を延ばします。このコードはdraw()関数のt += 0.05の直前に追加します。正弦波を描くコードは**例6-6**のようになります。

---

*1　訳注：「未割り当ての変数 't' が参照されています」という意味です。

例6-6　波形を描く直線を追加 　　　　　　　　　　　　　　　**CircleSineWave.pyde**

```
r1 = 100   # 大きい円の半径
r2 = 10    # 小さい円の半径
t = 0      # 時間用の変数

def setup():
    size(600, 600)

def draw():
    global t
    background(200)
    # 画面の左中央に移動
    translate(width / 4, height / 2)
    noFill()   # この円には色を付けない
    stroke(0)  # 黒線
    ellipse(0, 0, 2 * r1, 2 * r1)

    # 回転する円:
    fill(255, 0, 0)  # 赤
    y = r1 * sin(t)
    x = r1 * cos(t)
    ellipse(x, y, r2, r2)

    stroke(0, 255, 0)   # 緑の直線
    line(x, y, 200, y)
    fill(0, 255, 0)     # 緑の円
    ellipse(200, y, 10, 10)

    t += 0.05
```

　このコードでは、円周上の赤い点と同じ高さ（同じ y）に緑の線を描きます。この緑の線は常に水平にするので、赤い点が上下するにつれて、緑の線も同じ高さにします。コードを実行すると、**図6-12**のようになります。

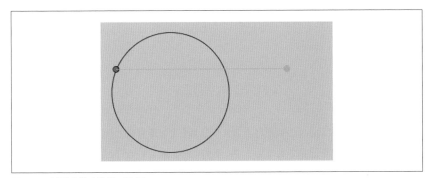

図6-12　波形を描く準備が完了！

緑の円は赤い円の上下の動きだけを追いかけていることがわかります。

6.3.1　跡を残す

次は時間経過につれて緑の円の跡が残るようにします。そこで、表示した緑の円の高さをループのたびにすべて保存するようにします。数字や文字や文字列や点列など、複数のデータを保存するにはlistを使います。以下のコードをsetup()よりも前、一連の変数を宣言しているあたりに追加します。

```
circleList = []
```

この変数は空のリストで初期化されていて、将来的には緑の円の座標が保存されることになります。circleListをdraw()関数内のglobalの行に追加します。

```
global t, circleList
```

draw()関数でxとyを計算した後でcircleListにy座標を追加します。ただし少し工夫が必要です。既に説明した通り、append()を使うとリストに値を追加できますが、この場合はリストの末尾に点が追加されることになります。リストの先頭に追加するにはinsert()関数を使います。

```
circleList.insert(0, y)
```

しかしこのままではループを繰り返すにつれてリストが大きくなります。そこで**例6-7**のようにして、新しい値に既存のリストの先頭から249個までを追加することで、リストの要素数を250に制限します。

例6-7　リストの要素数を250に制限しつつ、リストの点を追加

```
y = r1 * sin(t)
x = r1 * cos(t)
# リストに点を追加:
circleList = [y] + circleList[:249]
```

　追加したコードでは、*y*の値だけを含んだリストと、既存のcircleListから先頭249個までのリストを連結させています。そのため、新しいcircleListの要素の数は高々250になります。

　draw()の最後のあたり(tを増加させるよりも前)でcircleListをすべて走査して、緑の円が跡を残したように見えるよう、新しい円を描きます。コードとしては**例6-8**のようになります。

例6-8　リストを走査して、リスト内の点それぞれを円として表示

```
# circleListを走査して跡を残す:
for i in range(len(circleList)):
    # 跡を示すための小さな円:
    ellipse(200 + i, circleList[i], 5, 5)
```

　このコードでは、0からcircleListの要素数までを示すiを使ってループさせていて、それぞれの点に対して円を描いています。*x*の値は200から始めて、iに応じて増加させています。*y*の値はcircleListに保存された値をそのまま使います。

　このコードを実行すると**図6-13**のようになります。

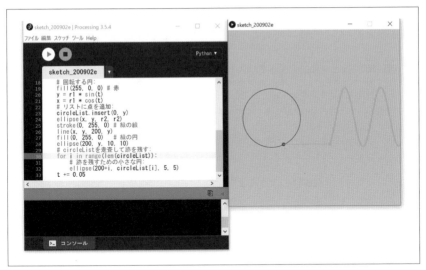

図6-13 正弦波！

正弦波が緑の跡で描かれていることが確認できます。

6.3.2 Pythonの組み込み関数enumerate()を使う

各点に対応する円は、Pythonの組み込み関数enumerate()を使って描くことも できます。こちらの方が「Pythonらしい」方法でリストのインデックスと値を取り出す ことができます。具体例を確認するために、IDLE上で新しいファイルを開いた後、**例 6-9**のコードを入力します。

例6-9 Pythonの enumerate()関数の使い方

```python
>>> myList = ["I", "love", "using", "Python"]
>>> for index, value in enumerate(myList):
        print(index, value)

0 I
1 love
2 using
3 Python
```

変数が1つ（i）ではなく、2つ（インデックスと値）になっていることに注意してくだ

さい。先のコードを enumerate() に置き換えるには、**例6-10**のようにループの周回数を表す変数（インデックスの i）と、要素を表す変数（c）の2つの変数を使います。

例6-10　enumerate() を使ってリストのインデックスと要素を取り出す

```
# circleListを走査して跡を残す:
for i, c in enumerate(circleList):
    # 跡を示すための小さな円:
    ellipse(200 + i, c, 5, 5)
```

最終的なコードは**例6-11**のようになります。

例6-11　CircleSineWave.pyde スケッチの最終形　　　　**CircleSineWave.pyde**

```
r1 = 100    # 大きい円の半径
r2 = 10     # 小さい円の半径
t = 0       # 時間用の変数
circleList = []

def setup():
    size(600, 600)

def draw():
    global t, circleList
    background(200)
    # 画面の左中央に移動
    translate(width / 4, height / 2)
    noFill()    # この円には色を付けない
    stroke(0)   # 黒線
    ellipse(0, 0, 2 * r1, 2 * r1)

    # 回転する円:
    fill(255, 0, 0)  # 赤
    y = r1 * sin(t)
    x = r1 * cos(t)
    # リストに点を追加:
    circleList = [y] + circleList[:245]

    ellipse(x, y, r2, r2)
    stroke(0, 255, 0)  # 緑の直線
```

```
line(x, y, 200, y)
fill(0, 255, 0)     # 緑の円
ellipse(200, y, 10, 10)
# circleListを走査して跡を残す：
for i, c in enumerate(circleList):
    # 跡を示すための小さな円：
    ellipse(200 + i, c, 5, 5)

t += 0.05
```

　これは三角法を学び始めるときによく見せられるアニメーションですが、自分で作り上げることができました！

6.4　スピログラフプログラムを作る

　円を回転させて跡を残す方法がわかったので、**スピログラフ**（Spirograph）をモデル化してみましょう！スピログラフは2つの歯車をかみ合わせてスライドさせるようなおもちゃのことです。歯車には鉛筆やボールペンを差し込む穴が空いていて、曲線的で見栄えの良い図形を描くことができます。しかし今回は先ほど習得した正弦関数と余弦関数を使うことでスピログラフ的な図形をコンピュータ上で描いてみることにします。

　まずProcessingの新しいファイルをspirograph.pydeとして保存します。そして**例6-12**のコードを入力します。

例6-12　画面に大きい円を描く　　　　　　　　　　　　　　　**spirograph.pyde**

```
r1 = 300.0     # 大きい円の半径
r2 = 175.0     # 2つ目の円の半径
r3 = 5.0       # 「点」の半径
# 大きい円の位置：
x1 = 0
y1 = 0
t = 0          # 時間用の変数
points = []    # 点を保存する空のリスト

def setup():
    size(600, 600)

def draw():
```

```
global r1, r2, x1, y1, t
translate(width / 2, height / 2)
background(255)
noFill()
# 大きい円
stroke(0)
ellipse(x1, y1, 2 * r1, 2 * r1)
```

まず大きい円用の変数を使って画面の中央に大きい円を描き、続いてスピログラフに
セットしたディスクのように内側で接する小さい円を描きます。

6.4.1 小さい円を描く

図6-14のように、円に接する小さい円を描きます。

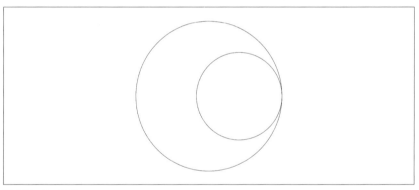

図6-14 2つの円

次に、スピログラフのディスクのように、小さい円が大きい円の「内側」を回るように
します。**例6-12**のコードを**例6-13**のように変更します。

例6-13 小さい円を追加

```
# 大きい円
stroke(0)
ellipse(x1, y1, 2 * r1, 2 * r1)

# 2つ目の円
x2 = (r1 - r2)
```

```
y2 = 0
ellipse(x2, y2, 2 * r2, 2 * r2)
```

　小さい円が大きい円の内側を回るようにするには、「2つ目の円」のコードブロックで正弦関数と余弦関数を組み合わせて振動させる必要があります。

6.4.2　小さい円を回転させる

　最後に、draw()の末尾あたりで**例6-14**のようにして時間用の変数tを増加させます。

例6-14　円を周回させるコード

```
# 大きい円
stroke(0)
ellipse(x1, y1, 2 * r1, 2 * r1)

# 2つ目の円
x2 = (r1 - r2) * cos(t)
y2 = (r1 - r2) * sin(t)
ellipse(x2, y2, 2 * r2, 2 * r2)
t += 0.05
```

　このようにすると、2つ目の円が大きい円の内側で上下左右に振動するようになります。コードを実行するとうまい具合に2つ目の円が回転していることがわかります！ しかしペンを差し込んで線を描くための穴はどうしたらいいでしょうか？ そこで、この穴の位置を表す3つ目の円を用意します。この穴は2つ目の円の中央に半径の差分を足した位置に置きます。「描画用の点」を追加したコードは**例6-15**のようになります。

例6-15　描画用の点を追加したコード

```
# 描画用の点
x3 = x2 + (r2 - r3) * cos(t)
y3 = y2 + (r2 - r3) * sin(t)
fill(255, 0, 0)
ellipse(x3, y3, 2 * r3, 2 * r3)
```

　このコードを実行すると、2つ目の円があたかも1つ目の円の円周に沿って回転して

いるように見えます。3つ目の円（描画用の点）は2つ目の円の中心と外周の比率によって決まる位置にあるため、setup()関数の手前にこの比率を変えるための変数を追加します。例6-16のように、draw()関数内でグローバル変数を使うようにすることも忘れないようにしてください。

例6-16　比率用の変数を追加

```
prop = 0.9
--中略--

global r1, r2, x1, y1, t, prop

--中略--
x3 = x2 + prop * (r2 - r3) * cos(t)
y3 = y2 + prop * (r2 - r3) * sin(t)
```

次は描画用の点が回転する速度を計算する必要があります。わずかな代数の知識を使って、大きい円と小さい円のサイズ比から角速度（描画用の点が回転する速度）を計算します。なおマイナス記号は、点が逆方向に回転することを表します。draw()関数内のx3とy3を次のように変更します。

```
x3 = x2 + prop * (r2 - r3) * cos(-((r1 - r2) / r2) * t)
y3 = y2 + prop * (r2 - r3) * sin(-((r1 - r2) / r2) * t)
```

最後に、前回波形を描いた時と同じように、点の座標(x3, y3)をリストpointsに保存してこれらを描くようにします。グローバル変数としてpointsを追加します。

```
global r1, r2, x1, y1, t, prop, points
```

3つ目の円を描いた後、リストの点を描きます。このコードはおよそCircleSineWave.pydeと同じです。例6-17のように、リストを走査して点同士を結ぶ直線を描きます。

例6-17　スピログラフ上の点を描く

```
fill(255, 0, 0)
ellipse(x3, y3, 2 * r3, 2 * r3)
# リストに点を追加
points = [[x3, y3]] + points[:2000]
for i, p in enumerate(points):  # リスト全体を走査
```

```
    if i < len(points) - 1:        # 最後から1つ手前の点まで
        stroke(255, 0, 0)          # 点同士を赤線で結ぶ
        line(p[0], p[1], points[i + 1][0], points[i + 1][1])

    t += 0.05
```

　波形を描いた例で使ったものと同じテクニックがここでも使えます。現在の点だけからなるリストと、pointsの先頭から2,000個を連結させることで点のリストの要素数を自動的に制限できます。コードを実行すると、**図6-15**のようにプログラムでスピログラフが描けていることを確認してみましょう。

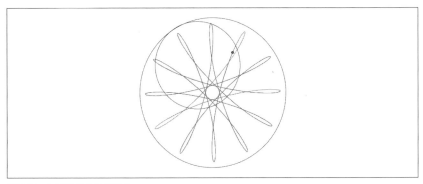

図6-15　スピログラフを描く

　2つ目の円のサイズ（r2）や描画用の点の比率（prop）を変えるとさまざまな図形を描くことができます。たとえば**図6-16**ではr2を105、propを0.8にしています。

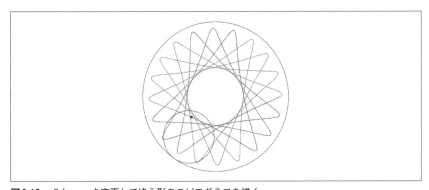

図6-16　r2とpropを変更して違う形のスピログラフを描く

　これまでは図形を正弦関数および余弦関数を使って上下あるいは左右に振動させて きましたが、複数の方向へ同時に振動させるとどうなるでしょうか？ 次の節で試して みましょう。

6.5　ハーモノグラフを作る

　1800年代、1つのテーブルに2つの振り子をつないだ**ハーモノグラフ** (Harmonograph) というものが発明されました。振り子が揺れると、先頭に付けられ たペンが紙に線を描きます。振り子があちこちに揺れて停止する (収束する) につれて、 **図6-17**のような興味深い図形が描かれるというわけです。

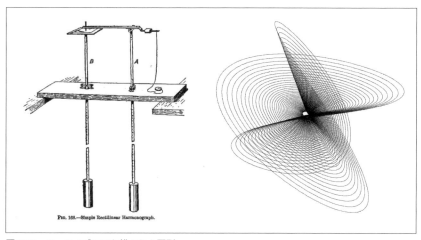

図6-17　ハーモノグラフと描かれた図形

　方程式とプログラミングを組み合わせることで、このハーモノグラフが描く図形をモ デル化できます。1つの振り子に対する振動をモデル化した方程式は以下の通りです。

$$x = a \times \cos(ft + p)e^{-dt}$$
$$y = a \times \sin(ft + p)e^{-dt}$$

　この方程式において、xは水平 (左右) 方向の動き、yは垂直 (上下) 方向の動きを表 します。変数aは振幅 (amplitude)、fは振り子の揺れる頻度 (frequency、周波数)、 tは経過時間、pはフェーズシフト (位相のずれ)、eは自然対数の底 (およそ2.7の定数)、 dは減衰因子 (decay factor：振り子の揺れが小さくなる割合) を表します。経過時間の

変数 *t* はどちらの式でも同じ値になりますが、その他の変数は同じにならない場合があります。たとえば左右に揺れる頻度と上下に揺れる頻度は違う値になることがあります。

6.5.1　ハーモノグラフプログラムを作る

では振り子の動きをモデル化する Python プログラムを Processing のスケッチとして作成しましょう。新しい Processing スケッチを開いて harmonograph という名前で保存します。最初のバージョンは**例6-18**のようにします。

例6-18　ハーモノグラフスケッチの初期コード　　　　　　　**harmonograph.pyde**

```python
t = 0

def setup():
    size(600, 600)
    noStroke()

def draw():
    global t
❶   a1, a2 = 100, 200     # 振幅
    f1, f2 = 1, 2          # 頻度
    p1, p2 = 0, PI / 2     # フェーズシフト
    d1, d2 = 0.02, 0.02    # 減衰定数
    background(255)
    translate(width / 2, height / 2)
❷   x = a1 * cos(f1 * t + p1) * exp(-d1 * t)
    y = a2 * cos(f2 * t + p2) * exp(-d2 * t)
    fill(0)                # 黒
    ellipse(x, y, 5, 5)
    t += .1
```

このコードにはまだ時間用の変数 (t) を使ういつも通りの setup() と draw() 関数があるだけで、他には振幅 (a1, a2)、周波数 (f1, f2)、フェーズシフト (p1, p2)、減衰定数 (d1, d2) を追加しています。

そして❶以降で、ハーモノグラフを描くペンの座標を決める式に代入する値を設定しています。❷からの行にある x = と y = ではそれぞれの変数を代入して、ペンの座標を計算しています。

　このコードを実行すると画面上で小さな円が動いていることがわかりますが、何が描かれているのでしょうか？描いた線が残るようにするため、点のリストを用意して、リスト内の点を画面に表示させるようにします。変数tを宣言している行に続けて、pointsという名前で空のリストを作ります。ここまでのコードは**例6-19**のようになります。

例6-19　点列を線で結んでハーモノグラフを描くコード　　　　**harmonograph.pyde**

```
t = 0
points = []

def setup():
    size(600, 600)
    noStroke()

def draw():
    global t, points
    a1, a2 = 100, 200
    f1, f2 = 1, 2
    p1, p2 = 0, PI / 2
    d1, d2 = 0.02, 0.02
    background(255)
    translate(width / 2, height / 2)
    x = a1 * cos(f1 * t + p1) * exp(-d1 * t)
    y = a2 * cos(f2 * t + p2) * exp(-d2 * t)
    # 点のリストに位置を保存
    points.append([x, y])
    # 点のリストを走査して、それぞれの点を線で結ぶ
    for i, p in enumerate(points):
        stroke(0)  # 黒
        if i < len(points) - 1:
            line(p[0], p[1], points[i + 1][0], points[i + 1][1])
    t += 0.1
```

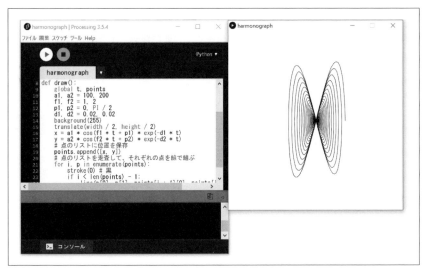

図6-18　ハーモノグラフ

　まずファイルの先頭あたりでpointsリストを定義して、draw()関数でグローバ
ル変数に追加します。そしてxとyを計算した後、pointsリストに点の座標[x, y]
を追加します。最後に、enumerate()関数を使ってpointsを走査して、最後から
1つ手前の点まで、それぞれの点と次の点を線で結びます。最後の点からその次の点
に線を結ぼうとするとインデックスが範囲外になったというエラーになるので、このエ
ラーを避けるために最後から1つ手前の点までにする必要があります。ここまでのコー
ドを実行すると、**図6-18**のように画面に表示されます。

　以下のように、式中にある減衰を表すコードをコメントアウトすると、単に同じ線を
繰り返し描くだけになります。

```
x = a1 * cos(f1 * t + p1)  # * exp(-d1 * t)
y = a2 * cos(f2 * t + p2)  # * exp(-d2 * t)
```

　減衰は振り子の最大振幅が徐々に小さくなる現象をモデル化したもので、これがあ
るために多くのハーモノグラフで描かれる画像において「ホタテ貝」現象が起こります。
一見するとこのままのコードでも問題無さそうに見えますが、絵が出るまで少し時間が
かかります。そこで、pointsリストを一度に作ってから画面に表示するようにはでき
ないものでしょうか?

6.5.2　リストを一度に埋める

リスト全体をフレームごとに描くのではなく、一度に埋めるようにしてみましょう。ハーモノグラフのコードをdraw()から切り出して、**例6-20**のように別関数として作り直します。

例6-20　harmonograph()関数に切り出し

```
def harmonograph(t):
    a1, a2 = 100, 200
    f1, f2 = 1, 2
    p1, p2 = PI / 6, PI / 2
    d1, d2 = 0.02, 0.02
    x = a1 * cos(f1 * t + p1) * exp(-d1 * t)
    y = a2 * cos(f2 * t + p2) * exp(-d2 * t)
    return [x, y]
```

そしてdraw()関数では、**例6-21**のようにtに対応する一連の点をループで追加するだけにします。

例6-21　harmonograph()関数を呼ぶように変更したdraw()関数

```
def draw():
    background(255)
    translate(width / 2, height / 2)
    points = []
    t = 0
    while t < 1000:
        points.append(harmonograph(t))
        t += 0.01

    # 点のリストを走査して、それぞれの点を線で結ぶ
    for i, p in enumerate(points):
        stroke(0)  # 黒
        if i < len(points) - 1:
            line(p[0], p[1], points[i + 1][0], points[i + 1][1])
```

コードを実行するとすぐにハーモノグラフの絵が出るようになりました！円の大きさやフェーズシフトの値を変更しているので、**図6-19**のように先ほどとは違う図形が表

示されます。変数の値をいろいろ変えてみて、図形が変わることを確かめてみてくださ
い！

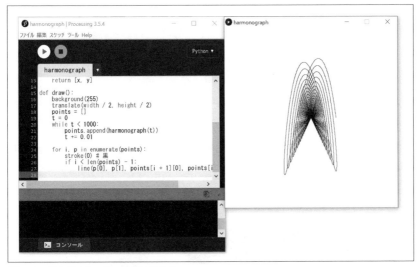

図6-19 別の式で作ったハーモノグラフ

6.5.3 1つよりも2つの振り子

式にもう1つ項を追加することで、さらに複雑な振り子の動きを再現できるようにな
ります。

```
x = a1 * cos(f1 * t + p1) * exp(-d1 * t)
    + a3 * cos(f3 * t + p3) * exp(-d3 * t)
y = a2 * sin(f2 * t + p2) * exp(-d2 * t)
    + a4 * sin(f4 * t + p4) * exp(-d4 * t)
```

それぞれの行に追加したのはいずれも若干の変更を加えた同じような項で、複数
の振り子が上下左右に揺れる様子をシミュレーションしています。**例6-22**のコードは
http://www.walkingrandomly.com/?p=151で見つけた図形を真似たものになっていま
す。

例6-22 図6-20のハーモノグラフを描くコード

```
def harmonograph(t):
```

```
a1 = a2 = a3 = a4 = 100
f1, f2, f3, f4 = 2.01, 3, 3, 2
p1, p2, p3, p4 = -PI / 2, 0, -PI / 16, 0
d1, d2, d3, d4 = 0.00085, 0.0065, 0, 0
x = a1 * cos(f1 * t + p1) * exp(-d1 * t)
    + a3 * cos(f3 * t + p3) * exp(-d3 * t)
y = a2 * sin(f2 * t + p2) * exp(-d2 * t)
    + a4 * sin(f4 * t + p4) * exp(-d4 * t)
return [x, y]
```

例6-22では、a, f, p, dの値を変更して、まったく違う図形が描かれるようにしています。線を描くコードの前にstroke(255, 0, 0)を追加すると、図6-20のように赤線で表示されるようになります。

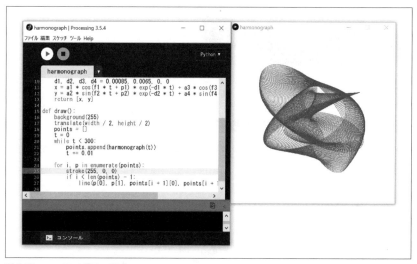

図6-20 ハーモノグラフ完成！

例6-23がharmonograph.pydeの最終形のコードです。

例6-23　ハーモノグラフスケッチの最終形　　　**harmonograph.pyde**

```
t = 0
points = []

def setup():
```

```
    size(600, 600)
    noStroke()

def draw():
    background(255)
    translate(width / 2, height / 2)
    points = []
    t = 0
    while t < 1000:
        points.append(harmonograph(t))
        t += 0.01

    # 点のリストを走査して、それぞれの点を線で結ぶ
    for i, p in enumerate(points):
        stroke(255, 0, 0)   # 赤
        if i < len(points) - 1:
            line(p[0], p[1], points[i + 1][0], points[i + 1][1])

def harmonograph(t):
    a1 = a2 = a3 = a4 = 100
    f1, f2, f3, f4 = 2.01, 3, 3, 2
    p1, p2, p3, p4 = -PI / 2, 0, -PI / 16, 0
    d1, d2, d3, d4 = 0.00085, 0.0065, 0, 0
    x = a1 * cos(f1 * t + p1) * exp(-d1 * t)
        + a3 * cos(f3 * t + p3) * exp(-d3 * t)
    y = a2 * sin(f2 * t + p2) * exp(-d2 * t)
        + a4 * sin(f4 * t + p4) * exp(-d4 * t)
    return [x, y]
```

6.6　まとめ

　三角法の授業では、三角形の未知の辺や角を計算させられることがあります。しかし正弦関数や余弦関数の**現実的な**用法として、点や図形を移動したり変換したりすることで、スピログラフやハーモノグラフが描けることを学びました！また、本章では点をリストとして保存しておき、それらを線でつないで描くという便利なテクニックも学びました。さらに、Pythonの enumerate() 関数やProcessingの vertex() 関数の機能を復習しました。

　次の章では、本章で学んだ正弦関数や余弦関数、回転というテクニックを応用して、まったく新しい種類の数を作り出します。また、この新しい数を使ってグリッドを回転、移動させてピクセルの位置を決めることで複雑な芸術作品を作り出せるようにします。

7章
複素数

> 虚数とは神の御霊の良き拠り所であり、実在と空想のどちらも備えたものだと言えよう。
>
> ──ゴットフリート・ライプニッツ (Gottfried Leibniz)

　数学の授業において、−1の平方根を含んだ数は誤解を与える名前で呼ばれています。−1の平方根は**虚数** (imaginary number)、あるいは i と呼ばれます。ここでいう**虚**という字は、存在しない、あるいは空っぽで何もないという意味で使われています。しかし虚数は実際には**存在する**数で、電磁気学のように、現実世界での応用例が多々あります。

　この章では**複素数**という、$a + bi$ 形式の実数と虚数を組み合わせた数を使ってアート作品を作る足がかりについて説明します。ここでの a と b は実数で、i が虚数です。複素数は実数と虚数という2つの情報を含むため、1次元のオブジェクトを2次元に変換できます。Pythonでは簡単に複素数を扱えるので、思いも付かないような用途に使うことができます。具体的には電子と光子の振る舞いを複素数で説明します。また、「普通の」数は虚部が0の複素数とみなすことができます！

　この章ではまず、複素数を複素平面上に描く方法から説明を始めます。また、複素数をPythonのリストに入れてそれらを加算したり乗算したりする方法を説明します。そして最後に複素数の大きさ（あるいは絶対値）を計算できるようにします。複素数の扱い方を習得した後、章の最後ではマンデルブロ集合やジュリア集合を描くプログラムを作成します。

7.1　複素座標系

　フランク・ファリス (Frank Farris) 氏は見事な挿絵付きの本『*Creating Symmetry*』で「複素数は...デカルトの順序対 (x, y) を端的に1つの数 $z = x + iy$ で説明するための

もの」と述べています。デカルト座標系（直交座標系）ではxで水平位置、yで垂直位置を表しますが、これらの数は単に位置でしかないため、加算したり乗算したりすることはできません。

　一方、複素数は位置を表すだけではなく、数として扱うこともできます。複素数を幾何学的に見ることもできるというわけです。では座標系を少し変更して、**図7-1**のように水平位置を実数、垂直方向を虚数となるようにしてみましょう。

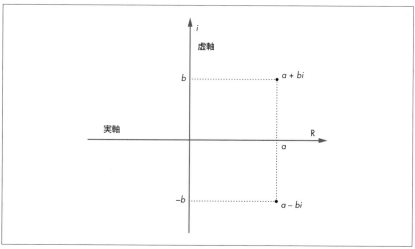

図7-1　複素座標系

　この図から、$a + bi$と$a - bi$に対する複素平面上の位置を確認できます。

7.2　複素数の足し算

　複素数の加減は実数の場合と同じです。1つ目の数を計算した後、2番目の数を計算します。たとえば$4 + i$に$2 + 3i$を足す場合、実部と虚部をそれぞれ足して、**図7-2**のように$6 + 4i$となります。

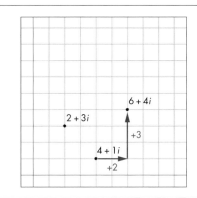

図7-2　2つの複素数の加算

この図のように、まず4 + iを始点にします。2 + 3iを足すには、実数を正の方向に2、虚数を正の方向に3移動して、結果として6 + 4iになります。

では**例7-1**のように、2つの虚数を足す関数を作成します。IDLEで新しいファイルを開き、complex.pyという名前で保存します。

例7-1　2つの複素数を加算する関数

```
def cAdd(a, b):
    """2つの複素数を足す"""
    return [a[0] + b[0], a[1] + b[1]]
```

ここで定義しているcAdd()関数は、[x, y]という形式の2つのリストを引数にとり、新しいリストを返します。リストの1項目a[0] + b[0]は複素数の1項目（インデックスが0）を計算します。2項目a[1] + b[1]は複素数の2項目（インデックスが1）を計算します。そしてファイルを保存して実行します。

ではu = 1 + 2iとv = 3 + 4iという2つの複素数で試してみましょう。IDLE上でこれらの値をcAdd()に入力します。

```
>>> u = [1, 2]
>>> v = [3, 4]
>>> cAdd(u, v)
[4, 6]
```

　4 + 6*i* という、2つの複素数1 + 2*i* と3 + 4*i* を加算した結果が得られるはずです。複素数の加算は *x* 軸方向の計算に続いて、*y* 軸方向の計算をすればいいだけだと言えます。ではこの関数を使って、マンデルブロ集合やジュリア集合のような美しい図形を描けるようにしましょう。

7.3　複素数に i を掛ける

　しかし複素数の加算だけではまだ機能が足りません。乗算が必要です。たとえば複素数に *i* を掛けると原点を中心にして複素数を90度回転できます。複素座標系において、実数 −1 を掛けると**図7-3**のように原点を中心にして180度回転できます。

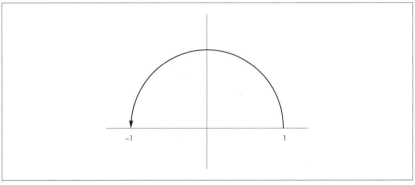

図7-3　−1を掛けると180度の回転になる

　見ての通り、1に −1 を掛けると −1 になり、0と逆方向まで回転します。

　複素数に −1 を掛けると180度の回転になるので、−1の平方根を掛けると**図7-4**のように90度の回転になります。

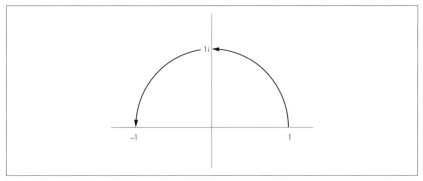

図7-4 iを掛けると90度の回転になる

iは-1の平方根なので、1にiを掛けると-1までの半分まで回転します。積算の結果 (i) にiを再び掛けるとさらに90度回転して、最終的に-1になります。同じ数 (i) を2回掛けるとマイナスになるということからも平方根の定義を確認できます。

7.4 複数の複素数の掛け算

では複素数の乗算で何が起こるのか見ていきましょう。2項の式を掛け合わせる場合と同じく、複数の複素数の乗算はFOIL[*1]メソッドで行います。

$$(a+bi)(c+di)$$
$$= ac + adi + bci + bdi^2$$
$$= ac + (ad+bc)i + bd(-1)$$
$$= ac - bd + (ad+bc)i$$
$$= [ac-bd, ad+bc]$$

簡単のために、この処理を**例7-2**にあるような cMult() 関数として定義します。

例7-2 2つの複素数の乗算を行う関数

```
def cMult(u, v):
    """2つの複素数の積を返す"""
    return [u[0] * v[0] - u[1] * v[1],
            u[0] * v[1] + u[1] * v[0]]
```

---

*1　訳注：First-Outer-Inner-Lastの頭字語。2項の式を掛ける場合、1項目同士（First）、1番目の式の1項目と2番目の式の2項目（Outer）、1番目の式の2項目と2番目の式の1項目（Inner）、2項目同士（Last）をそれぞれ計算することに由来します。

cMult()のテストとして、$u = 1 + 2i$に$v = 3 + 4i$を掛けてみましょう。IDLE上で以下のコードを入力します。

```
>>> u = [1, 2]
>>> v = [3, 4]
>>> cMult(u, v)
[-5, 10]
```

このように、結果は$-5 + 10i$になります。

以前の節で説明したように、iを掛けるということは複素平面上で複素数を原点中心に90度回転させるということでした。$v = 3 + 4i$に対して確認してみましょう。

```
>>> cMult([3, 4], [0, 1])
[-4, 3]
```

計算結果は$-4 + 3i$になりました。$3 + 4i$と$-4 + 3i$をグラフ上で表示してみると、**図7-5**のようになることがわかります。

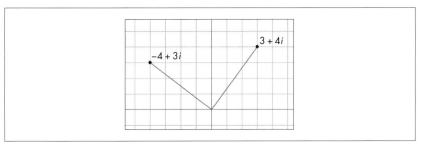

図7-5　iを掛けることで複素数を90度回転させる

この通り、$-4 + 3i$は$3 + 4i$を90度回転させた位置にあることがわかります。

複素数の乗算が計算できるようになったので、次は複素数の大きさ（magnitude）を計算できるようにします。これはマンデルブロ集合やジュリア集合を作る際に必要になります。

7.5　magnitude()関数を作る

複素数の**大きさ**（magnitude）、あるいは**絶対値**（absolute value）は、複素平面上における原点からの距離で表されます。ピタゴラスの定理を使ってmagnitude関数を作

成しましょう。complex.pyに戻って、ファイルの先頭部分でPythonのmathモジュールから平方根関数をインポートします。

```
from math import sqrt
```

magnitude()関数はピタゴラスの定理そのままです。

```
def magnitude(z):
    return sqrt(z[0] ** 2 + z[1] ** 2)
```

複素数$2 + i$の大きさを計算してみましょう。

```
>>> magnitude([2, 1])
2.23606797749979
```

　これで、複素数の大きさに応じてピクセルの色を変化させるようなPythonプログラムを作る準備ができました。複素数の思いもつかない振る舞いにより、コンピュータなくしては実現できないような無限に複雑な図形を描き出すことができるようになります！

7.6　マンデルブロ集合を作る

　マンデルブロ集合を作るには、画面上の各ピクセルを複素数zとして表し、この複素数を2乗して元のzへ追加します。

$$z_{n+1} = z_n^2 + c$$

　そして計算結果に対して同じ処理を繰り返します。複素数が大きくなり続ける場合、元の複素数から処理が繰り返された回数に応じて対応するピクセルの色を変化させます。小さくなり続ける場合にはまた別の色になるようにします。

　1より大きい数を掛けると元の数より大きくなるということは既におわかりでしょう。1を掛けると同じ値であり続け、1より小さい数を掛けると元の数より小さくなります。複素数でも同様で、複素平面上で図にすると**図7-6**のようになります。

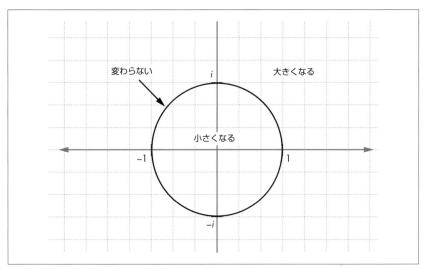

図7-6　複素数を掛けると何が起こるのかを図として表示

　複素数の掛け算だけを計算した場合、マンデルブロ集合は**図7-6**のような単なる円になります。しかし実際の定義では、複素数を2乗するだけではなく、足す処理も含まれています。そのため、単なる円からはかなりかけ離れた、驚くほど複雑で美しい図形になります。ただしその前に、グリッド上の点それぞれについて計算する必要があります！

　計算結果に応じて、一部は徐々に小さくなって0に**収束**（converge）します。また、別の部分では徐々に大きくなり**発散**（diverge）します。ある数に徐々に近づいていくことを、数学用語で**収束する**（converging）と言います。また、徐々に大きくなり続けることを**発散する**（diverging）と言います。今回の場合、大きくなりすぎてグリッド上に表示できなくなるまでの計算回数に応じてピクセルの色を決めるようにします。計算式は**例7-2**のcMult()とおよそ同じですが、いくつか追加の処理があります。複素数を2乗してから元の複素数を足すという処理を発散するまで繰り返します。2乗した複素数の大きさが2よりも大きくなった場合に発散したとみなします（この上限値は任意の数に設定できます）。2にまったく到達しない場合、ピクセルの色を黒のままにします。

　例として、複素数$z = 0.25 + 1.5i$を使ったマンデルブロ集合を手で計算してみましょう。

```
>>> z = [0.25, 1.5]
```

zにそれ自身を掛けた後、結果を変数z2に保存します。

```
>>> z2 = cMult(z, z)
>>> z2
[-2.1875, 0.75]
```

そしてcAdd()関数を使ってz2とzを足します。

```
>>> cAdd(z2, z)
[-1.9375, 2.25]
```

複素数が原点から2単位以上離れたかどうかを確認する関数は既に作成してあります。magnitude()関数を使って、複素数の大きさが2を越えたかどうか確認できます。

```
>>> magnitude([-1.9375, 2.25])
2.969243380054926
```

「原点から2単位以上離れた場合は発散したとみなす」という規則を決めていたので、$z = 0.25 + 1.5i$は1回の計算で発散してしまいました！

次に$z = 0.25 + 0.75i$を計算してみましょう。

```
>>> z = [0.25, 0.75]
>>> z2 = cMult(z, z)
>>> z3 = cAdd(z2, z)
>>> magnitude(z3)
1.1524430571616109
```

先ほどと同じような処理を実行していますが、今回の場合はz2とzを足した結果をz3として保存しています。z3の大きさはまだ2よりも小さいため、zを新しい値に置き換えて、同じ処理を繰り返します。まず、元のzの2乗を計算するために新しい変数z1を用意します。

```
>>> z1 = z
```

そして新しい複素数z3を使って計算を繰り返します。2乗してz1を足した後、大きさを確認します。

```
>>> z2 = cMult(z3, z3)
>>> z3 = cAdd(z2, z1)
```

```
>>> magnitude(z3)
0.971392565148097
```

0.97は1.152よりも小さいので、結果が徐々に小さくなっていき、発散しないだろう
と予想できますが、まだわずか2回しか繰り返していません！手計算では手間がかかり
すぎます！そこでこの処理を素早く簡単に行えるように自動化しましょう。2乗して足
して大きさを計算するという関数をmandelbrot()としてまとめます。この関数では
チェック処理も行うため、数が発散するのか、または収束するのかが視覚的にも区別
できます。どのような図形ができ上がるでしょうか？ 円あるいは楕円でしょうか？ 試し
てみましょう！

7.6.1　mandelbrot()関数を作る

Processingの新しいスケッチを開いてmandelbrot.pydeとして保存します。再現しよ
うとしているマンデルブロ集合は数学者ブノワ・マンデルブロ（Benoit Mandelbrot）に
ちなんだものにします。彼は1970年代にコンピュータを使ってこの処理を行った最初
の発明者です。**例7-3**のように、2乗して足すという処理を上限回数、あるいは発散す
るまで繰り返します。

例7-3　複素数が何回の計算で発散したかを調べるmandelbrot()関数を作る

```
def mandelbrot(z, num):
    """処理をnum回数繰り返して
    発散するまでの繰り返し回数を返す"""
❶   count = 0
    # z1をzとして定義
    z1 = z
    # num回数繰り返し
❷   while count <= num:
        # 発散したかどうか確認
        if magnitude(z1) > 2.0:
        # 発散した時点の繰り返し回数を返す
            return count
        # zを繰り返し処理
❸       z1 = cAdd(cMult(z1, z1), z)
        count += 1
    # zが最後まで発散しなかった場合
```

```
return num
```

mandelbrot()関数は複素数zと、繰り返しの上限回数numを引数にとり、zが発散するまでにかかった計算回数を返します。もし発散しなかった場合、numを返します（関数の最終行）。繰り返し回数をカウントするために、❶でcount変数を作っています。また、zを変更させないまま2乗などを計算できるように変数z1を新しい複素数として用意しています。

まず、❷でcount変数がnumより小さい間繰り返すループを始めています。このループ内ではz1の大きさをチェックして、z1が発散したかどうかを調べています。発散していた場合にはcountを結果として返して処理を終えます。発散していなかった場合はz1を2乗してからzを足します❸。最後にcountを1つインクリメントして、再びループを繰り返します。

mandelbrot.pydeプログラムを使うと、$z = 0.25 + 0.75i$の大きさが繰り返しのたびにどうなるか確認できます。具体的には次のようになります。

```
0.7905694150420949
1.1524430571616109
0.971392565148097
1.1899160852817983
2.122862368187107
```

1行目はループを始める前における$z = 0.25 + 0.75i$の大きさです。

$$\sqrt{0.25^2 + 0.75^2} = 0.790569\ldots$$

4回目のループが終わった時点で原点からの距離が2を超えているので、発散したことがわかります。ループごとの値を図に表示すると**図7-7**のようになります。

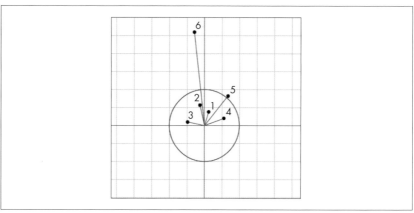

図7-7　発散するまで0.25＋0.75iに対してmandelbrot() を実行

　赤い円は複素数が発散したとみなす限界である、距離が2の円です。zを2乗して足
していくと、複素平面上の点が原点を中心にして回転しながら離れていき、最終的に
は限界と定めた距離以上に離れた場所まで移動することがわかります。

　では第4章で学んだテクニックを使って、Processing上でマンデルブロ集合を表示で
きるようにしましょう。complex.pyから複素数関数（cAddとcMultとmagnitude）
をコピーして、mandelbrot.pydeの末尾にペーストします。繰り返しの際に複素数が発
散したかどうかを確認するために、Processingのprintln() 関数を使ってコンソール
上に複素数の大きさを表示させます。**例7-3**で作成したmandelbrot() 関数の前に**例
7-4**のコードを追加してください。

例7-4　Mandelbrotコードの初期バージョン　　　　　　　　　　　**mandelbrot.pyde**

```
# x値の範囲
xmin = -2
xmax = 2

# y値の範囲
ymin = -2
ymax = 2

# 幅を計算
rangex = xmax - xmin
rangey = ymax - ymin
```

```
def setup():
    global xscl, yscl
    size(600, 600)
    noStroke()
    xscl = float(rangex) / width
    yscl = float(rangey) / height

def draw():
    z = [0.25, 0.75]
    println(mandelbrot(z, 10))
```

プログラムの先頭で、実数値（x）と虚数値（y）の範囲、スケール因子（xsclと
yscl）を計算して、ピクセルの位置（今回の場合は0から600）それぞれに掛け合わせ
ることで（実部と虚部がそれぞれ−2から2の範囲内の）複素数と対応付けています。
draw()関数では複素数を表す変数zを定義して、mandelbrot()を呼び出した後、
計算結果を表示しています。画面には何も表示されませんが、コンソールには4が表示
されることがわかります。では画面上のピクセルそれぞれに対してmandelbrot()を
呼び出して、結果を表示させることにします。

mandelbrot.pydeのmandelbrot()関数に戻ります。ピクセルそれぞれの位置に対
応して掛け算と足し算を繰り返して、計算結果が発散しない場合にはピクセルの色を
黒にします。変更後のdraw()関数は**例7-5**のようになります。

例7-5　表示ウィンドウの全ピクセルをループ処理　　　　　　**mandelbrot.pyde**

```
def draw():
    # グリッド上のすべてのxとyを組み合わせる
❶  for x in range(width):
        for y in range(height):
❷          z = [(xmin + x * xscl),
                 (ymin + y * yscl)]
            # mandelbrot関数に入力
❸          col = mandelbrot(z, 100)
            # mandelbrotの返り値が100の場合
            if col == 100:
                fill(0)   # 四角形を黒にする
            else:
```

```
    fill(255)    # 四角形を白にする
    # 小さな四角形を描く
    rect(x, y, 1, 1)
```

すべてのピクセルを処理するには、xとyでループをネストさせる必要があります❶。複素数zは$x + yi$となるように宣言します❷。複素数zを画面の座標から計算する部分はやや複雑です。たとえばxminから始めて、ループの回数にスケール因子を掛けた値を足しています。表示ウィンドウのサイズに一致した0から600の範囲を処理するのではなく、単に−2から2までの処理するようにしているわけです。そしてそれぞれの座標において、mandelbrot()関数を呼び出します❸。

mandelbrot()関数では複素数の2乗と加算を最大100回計算して、発散までにかかったループ回数を返しています。Processingではcolorが既にキーワードとなっているため、この返り値をcolという変数名で保存します。colの値に応じてピクセルの色を決めます。今回の場合、発散しなかったピクセルを黒、発散したピクセルを白にしてマンデルブロ集合を作ります。コードを実行すると、有名なマンデルブロ集合が**図7-8**のように表示されます。

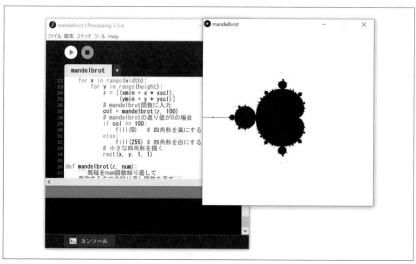

図7-8　有名なマンデルブロ集合

素晴らしいですよね？　まさに予想もつかないような結果です。複素数を2乗して足

し、計算回数に応じてピクセルの色を決めるだけでコンピュータならではの無限に複雑な図形を描くことができました！ xとyの値を**例7-6**のように変更すれば、特定の位置を拡大した図形になります。

例7-6 値を変更してマンデルブロ集合を拡大する

```
# x値の範囲
xmin = -0.25
xmax = 0.25

# y値の範囲
ymin = -1
ymax = -0.5
```

結果は**図7-9**のようになります。

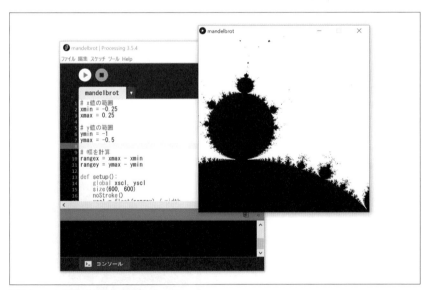

図7-9 マンデルブロ集合を拡大！

　マンデルブロ集合を拡大表示した動画が多数インターネットで公開されていますので、是非探して見てみてください。

7.6.2　マンデルブロ集合に色を付ける

　次はマンデルブロ集合に色を付けてみましょう。既に説明したように、以下のコードを追加してProcessingでRGB（赤、緑、青）ではなくHSB（色相、彩度、明度）基準で色付けるようにします。

```
def setup():
    size(600, 600)
    colorMode(HSB)
    noStroke()
```

そしてmandelbrot()関数の返り値に応じて四角形の色を決めます。

```
        if col == 100:
            fill(0)
        else:
            fill(3 * col, 255, 255)
        # 小さな四角形を描く
        rect(x * xscl, y * yscl, 1, 1)
```

　fillの行ではcol変数の値（複素数が発散するまでの計算回数）に3を掛けた値をHSB色の色相としています。コードを実行すると**図7-10**のようなきれいに色付けられたマンデルブロ集合が表示されます。

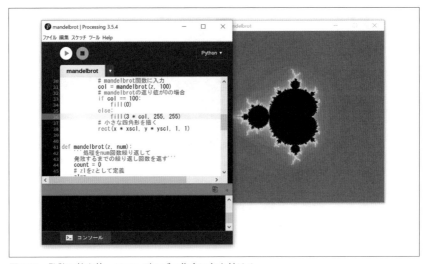

図7-10　発散の値を使ってマンデルブロ集合に色を付ける

発散までの計算回数に応じて、暗い橙色の円が明るい橙色の楕円になり、やがて黒いマンデルブロ集合になっていくことがわかります。この色合いは変更できます。たとえば fill の行を次のように書き換えます。

```
fill(255 - 15 * col, 255, 255)
```

更新後のコードを実行すると、**図7-11** のように青系の図形になります。

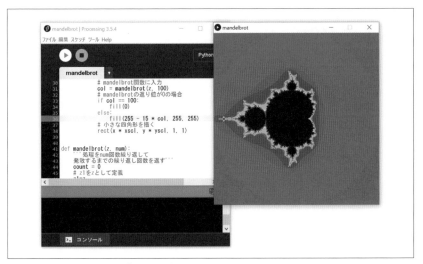

図7-11　違う色でマンデルブロ集合を表示

次は似たような図形で、ジュリア集合を表示できるようにします。ジュリア集合は入力値に応じて形を変えることができます。

7.7　ジュリア集合を作る

マンデルブロ集合では、点の座標を複素数 z とみなし、この複素数を繰り返し2乗して元の複素数を足すことによって点それぞれの色を決めていました。ジュリア集合も同じように点の色を決めていくことになりますが、元の複素数を足すのではなく、複素数の定数 c を足し続けるようにします。c の値を変えることでさまざまな形のジュリア集合を作ることができます。

7.7.1　julia()関数を作る

　ジュリア集合についてのWikipediaページには、美しいジュリア集合とそれを作っ
た複素数が多数記載されています。まずは $c = -0.8 + 0.156i$ で試してみましょう。
mandelbrot()関数を少し書き換えるだけでjulia()関数を作ることができます。
mandelbrot.pydeのスケッチをjulia.pydeとして名前を付けて保存し、mandelbrot()
関数を**例7-7**のように書き換えます。

例7-7　julia()関数を作る　　　　　　　　　　　　　　　　　　　　　**julia.pyde**

```
def julia(z, c, num):
    """処理をnum回数繰り返して
    発散するまでの繰り返し回数を返す"""
    count = 0
    # z1をzとして定義
    z1 = z
    # num回数繰り返し
    while count <= num:
        # 発散したかどうか確認
        if magnitude(z1) > 2.0:
            # 発散した時点の繰り返し回数を返す
            return count
        # zを繰り返し処理
❶      z1 = cAdd(cMult(z1, z1), c)
        count += 1
```

　ほとんどマンデルブロ集合の関数と同じです。変更箇所は❶の1行で、zをcにした
だけです。複素数cとzは別の値になるので、draw()内でjulia()関数を呼ぶ際に
例7-8のように引数に指定できるようにしています。

例7-8　ジュリア集合用のdraw()関数

```
def draw():
    for x in range(width):
        for y in range(height):
            z = [(xmin + x * xscl), (ymin + y * yscl)]
❶          c = [-0.8, 0.156]
            # julia関数に渡す
            col = julia(z, c, 100)
```

```python
# julia関数の返り値が100の場合
if col == 100:
    fill(0)
else:
    # 0から100を(およそ)0から255になるよう
    # マッピングして色を設定
    fill(3 * col, 255, 255)
rect(x, y, 1, 1)
```

　ジュリア集合用の複素数c❶を定義して、julia()関数の引数に指定している以外はmandelbrot.pydeとまったく同じです。このコードを実行すると、マンデルブロ集合とはまったく違う**図7-12**のような図形が表示されます。

図7-12　c＝−0.8＋0.156iに対応するジュリア集合

　ジュリア集合のすごいところは、cを変えるだけでまったく違う図形が表示されるようになることです。たとえばcを0.4＋0.6iにすると**図7-13**のようになります。

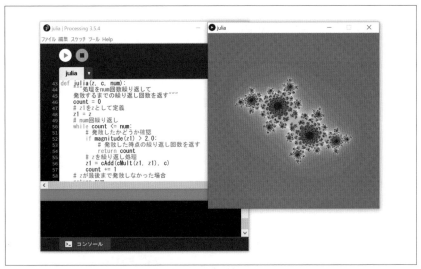

図7-13　c＝−0.4＋0.6iに対応するジュリア集合

課題**7-1**　ジュリア集合を描く

$c = 0.285 + 0.01i$ に対応するジュリア集合を描きなさい。

7.8　まとめ

　この章では複素数を複素平面上に描く方法、および複素数を使って回転させること
ができることを説明しました。さらに、複素数を足したり掛けたりする方法についても
説明しました。mandelbrot() や julia() を通じて、複素数やコンピュータでしか
描けないような、素晴らしい図形を作成する方法も説明しました。

　ご存知の通り、複素数は単なる想像上のものではありません。今後は複素数と聞け
ば、プログラムに応用することで素晴らしい図形が描けるということをきっと思い出す
ようになることでしょう。

8章
コンピュータグラフィックスや方程式の解法に行列を応用する

> 「おれは巨大だ、おれは多様性をかかえている」
> ——ウォルト・ホイットマン（Walt Whitman）「おれ自身の歌」より[1]

　数学の授業では、本来の用途を知らされないままに行列の足し算や引き算、掛け算などを教えられます。これは大変に問題で、行列を応用することで大量の要素をグループ化したり、ある物体をさまざまな方向から観測するための座標系をシミュレーションしたり、機械学習に応用したりできます。さらには2Dや3Dグラフィックスに必要不可欠だとさえ言えるのです。違う言い方をすれば、行列なしではテレビゲームを作れないのです！

　行列がグラフィックスの機能に欠かせないことを確認するために、まずは行列の計算を理解していきましょう。この章では行列の足し算と掛け算を確認して、2次元あるいは3次元の物体を変換します。そして最後に、行列を使えば大きな連立方程式を即座に解くことができることを説明します。

8.1　行列とは？

　行列（matrix）とは、特定の処理手順が定められた、数を要素として含んだ矩形の配列のことです。行列は**図8-1**のような見た目をしています（行列を表す括弧は、本書のように角括弧[]が使われる場合もあれば丸括弧()の場合もあります）。

---

*1　訳注：飯野友幸訳『おれにはアメリカの歌声が聞こえる—草の葉（抄）』より「おれ自身の歌」

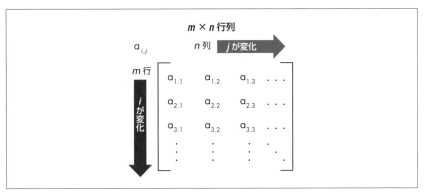

図8-1　m行n列の行列

　この図において、行数と列数をそれぞれmとnという別の名前にしています。たとえば2×2行列（2行2列の行列）としては以下のようなものがあります。

$$\begin{bmatrix} 1 & 5 \\ -9 & 2 \end{bmatrix}$$

　あるいは3行4列の行列は以下のようなものです。

$$\begin{bmatrix} 4 & -3 & -11 & -13 \\ 1 & 0 & 7 & 20 \\ -12 & 2 & 5 & 6 \end{bmatrix}$$

　伝統的に、行番号にはi、列番号にはjという変数名を使います。行列内の数字同士を足したりはしません。これらの数字は単に1つの行列としてまとまっているというだけです。座標を(x, y)という形式で表すことと同じようなものですが、座標同士を計算したりはしません。たとえば点$(2, 3)$があるとして、2掛ける3を計算することには意味がありません。単に隣り合って並べてあるだけで、座標としてどこにあるかを示しているだけにすぎません。ただし後ほど説明しますが、行列同士であれば普通の数字と同じように足したり引いたり、掛けたりすることができます。

8.2　行列の足し算

　行列は同じ次元（大きさと形）である場合、つまり行列の要素が対応する場合だけ足すことができます。2×2行列の場合は以下のようになります。

$$\begin{bmatrix} ① & -2 \\ ③ & 4 \end{bmatrix} + \begin{bmatrix} ⑤ & 6 \\ ⊖⑦ & 8 \end{bmatrix} = \begin{bmatrix} 6 & 4 \\ -4 & 12 \end{bmatrix}$$

たとえばそれぞれの行列にある1と5が対応している、つまり1行1列という同じ行の同じ列にあるので、1と5を足します。計算結果の6が1行1列の値になります。3と-7を足すと-4なので、2行1列の値は-4になります。

Pythonの場合、行列は変数として保存できるので、簡単に関数として定義できます。IDLEで新しいファイルを開いてmatrices.pyという名前で保存した後、**例8-1**のコードを入力します。

例8-1　行列を足す機能をmatrices.pyとして作成　　　　　　　**matrices.py**

```
A = [[2, 3], [5, -8]]
B = [[1, -4], [8, -6]]

def addMatrices(a, b):
    """2つの2×2行列を足す"""
    C = [[a[0][0] + b[0][0], a[0][1] + b[0][1]],
         [a[1][0] + b[1][0], a[1][1] + b[1][1]]]
    return C

C = addMatrices(A, B)
print(C)
```

まず、Pythonのリストを使って、2組の2×2行列AとBを定義します。ここでAは2つの要素を持ったリストを要素として持つリストです。addMatrices()関数の定義では、2つの行列を引数にとるようにしています。そして1番目の行列内の要素それぞれに対して、2番目の行列にある対応する要素を足した値を要素として持つ行列Cを作っています。

このコードを実行すると以下のように出力されます。

```
[[3, -1], [13, -14]]
```

これは行列Aと行列Bを足した答えを表す2×2行列になっています。

$$\begin{bmatrix} 3 & -1 \\ 13 & -14 \end{bmatrix}$$

足し算の方法がわかったので、次は掛け算を説明します。行列の掛け算は座標の変換にも応用できます。

8.3 行列の掛け算

行列の掛け算は足し算よりもよく使われます。たとえばこの章で後ほど説明しますが、(x, y)座標を含んだ行列に変換行列を掛けると2Dや3Dの図形を回転させることができます。

行列の掛け算の場合、対応する要素同士を掛け合わせるだけではありません。1番目の行列の行と、2番目の行列の列にあるそれぞれの要素を掛け合わせる必要があります。つまり、1番目の行列の列数と、2番目の行列の行数が同じでなければならないということです。もし違う場合には掛け合わせることができません。たとえば次の行列は掛け合わせることができます。

$$\begin{bmatrix} 1 & 2 \\ 3 & 4 \end{bmatrix} \begin{bmatrix} 5 \\ 6 \end{bmatrix}$$

まず1番目の行列にある1行目（1と2）を2番目の行列の1列目（5と6）と掛け合わせます。これらを掛けた結果を足し合わせた値が結果の行列の1行1列の値になります。同じ計算を1番目の行列の2行目にも行います。つまり次のような結果になります。

$$\begin{bmatrix} 1 & 2 \\ 3 & 4 \end{bmatrix} + \begin{bmatrix} 5 \\ 6 \end{bmatrix} = \begin{bmatrix} 1 \times 5 + 2 \times 6 \\ 3 \times 5 + 4 \times 6 \end{bmatrix} = \begin{bmatrix} 17 \\ 39 \end{bmatrix}$$

2×2行列に2×2行列を掛け合わせた場合の一般的な計算は以下のようになります。

$$\begin{bmatrix} a & b \\ c & d \end{bmatrix} \begin{bmatrix} e & f \\ g & h \end{bmatrix} = \begin{bmatrix} ae + bg & af + bh \\ ce + dg & ch + dh \end{bmatrix}$$

また、Aが1×4行列で、Bが4×2行列の場合も掛け合わせられます。

$$A = \begin{bmatrix} 1 & 2 & -3 & -1 \end{bmatrix}$$

$$B = \begin{bmatrix} 4 & -1 \\ -2 & 3 \\ 6 & -3 \\ 1 & 0 \end{bmatrix}$$

結果の行列はどのような形になるでしょう？ Aの1行目とBの1列目を掛けると結果

の1行1列の値になります。同じようにAの1行目とBの2列目を計算します。その結果、
1×2行列になります。2つの行列を掛け合わせる場合、1番目の行列の行は2番目の行
列の列と組み合わせられます。つまり、結果の行列は1番目の行列と同じ行数、2番目
の行列と同じ列数を持つことになります。

　それでは、行列Aと行列Bを直接掛け合わせて結果を確認することにします。

$$AB = [(1 \times 4 + 2 \times -2 + -3 \times 6 + -1 \times 1)\ (1 \times -1 + 2 \times 3 + -3 \times -3 + -1 \times 0)]$$
$$AB = [-19\ 14]$$

　この計算は複雑すぎて自動化できるようには見えないかもしれませんが、行列を入力
として受け取りさえすれば、簡単に列と行の数を計算できます。

　例8-2はPythonで行列を掛け合わせるコードで、単なる足し算以外にも処理を追加
してあります。このコードをmatrices.pyに追加します。

例8-2　行列の掛け算を行う関数

```python
def multMatrix(a, b):
    # 行列aと行列bを掛けた結果を返す
    m = len(a)      # 1番目の行列の行数
    n = len(b[0])   # 2番目の行列の列数
    newmatrix = []
    for i in range(m):
        row = []
        # bのすべての列を処理
        for j in range(n):
            sum1 = 0
            # 現在の列にあるすべての要素を処理
            for k in range(len(b)):
                sum1 += a[i][k] * b[k][j]
            row.append(sum1)
        newmatrix.append(row)
    return newmatrix
```

　このコードにあるmultMatrix()関数はaとbという2つの行列を引数にとります。
関数の先頭では、行列aの行数を表すm、行列bの列数を表すnを定義しています。そ
して結果となる行列を空のリストとして用意します。「行かける列」の処理はm回繰り返
されるので、最初のループfor i in range(m)はiがmになるまで繰り返されます。

それぞれの行において、空のリストをnewmatrixへ追加してからn個の要素をリスト
に追加します。行列bにはn列あるので、次のループではjがnになるまで繰り返します。一番のポイントとなるのは正しい要素同士を組み合わせるところですが、落ち着いて考えれば大丈夫です。

　掛け合わせることになる要素だけを見てみましょう。j = 0の場合、行列aのi番目の行にあるそれぞれの要素と、行列bの1列目（インデックスが0）にあるそれぞれの要素を掛け合わせて、総和をとった値がnewmatrixの新しい行の1列目の値になります。そしてj = 1の場合、同じように行列aのi番目の行にあるそれぞれの要素と、行列bの2列目（インデックスが1）にあるそれぞれの要素で計算します。この値がnewmatrixの新しい行の2列目の値になります。これらの処理がaのすべての行で繰り返されます。

　行列aの行にある要素それぞれに対して、対応する列要素が行列bに存在します。行列aの列数と、行列bの行数は等しくなければいけません。これらはそれぞれlen(a[0])とlen(b)という式で表すことができます。先のコードではlen(b)を使っています。そのため、3つ目のループではkがlen(b)回まで繰り返されます。行列aのi行目にある1番目の値と、行列bのj列目にある1番目の値を掛けることになり、コードとしては以下のようになります。

```
a[i][0] * b[0][j]
```

　行列aのi行目にある2番目の値と、行列bのj列目にある2番目の値でも同じように計算します。

```
a[i][1] * b[1][j]
```

　すべての列（jのループ）に対して、0を起点とした総和（sumはPythonのキーワードなので、代わりにsum1としています）を計算するので、kを変化させていく式にできます。

```
sum1 += a[i][k] * b[k][j]
```

　あまりそうは見えないかもしれませんが、この行がまさに対応する要素をすべて掛けて総和をとるコードになっているのです！kのループが終わると、行の総和が計算できたということなので、newmatrixの新しい行にある列の値として追加します。そしてaのすべての行に対して計算が終わると、結果を含んだ行列を関数の返り値とします。

では1×4行列と4×2行列の掛け算をテストしてみましょう。

```
>>> a = [[1, 2, -3, -1]]
>>> b = [[4, -1],
        [-2, 3],
        [6, -3],
        [1, 0]]
>>> print(multMatrix(a, b))
[[-19, 14]]
```

以下のように検算します。

$$(1)(4) + (2)(-2) + (-3)(6) + (-1)(1) = -19$$

かつ

$$(1)(-1) + (2)(3) + (-3)(-3) + (-1)(0) = 14$$

このことから、2つの行列を掛ける関数が (掛けることが可能であれば) 正しく動くことが確認できました。2つの2×2行列を掛けるテストもしてみましょう。

$$a = \begin{bmatrix} 1 & -2 \\ 2 & 1 \end{bmatrix}$$

$$b = \begin{bmatrix} 3 & -4 \\ 5 & 6 \end{bmatrix}$$

以下のコードを入力して、行列aに行列bを掛けます。

```
>>> a = [[1, -2], [2, 1]]
>>> b = [[3, -4], [5, 6]]
>>> multMatrix(a, b)
[[-7, -16], [11, -2]]
```

このように、Pythonのリストで2×2の行列を表しています。行列を掛けた結果は以下の通りです。

$$\begin{bmatrix} 1 & -2 \\ 2 & 1 \end{bmatrix} \begin{bmatrix} 3 & -4 \\ 5 & 6 \end{bmatrix} = \begin{bmatrix} -7 & -16 \\ 2 & -2 \end{bmatrix}$$

検算してみましょう。まずは行列aの1行目と行列bの1列目です。

$$(1)(3) + (-2)(5) = 3 - 10 = -7$$

−7が1行1列目の値です。次にaの2行目とbの1行目を計算します。

$$(2)(3) + (1)(5) = 6 + 5 = 11$$

11が2行1列目の値です。その他の値も間違っていません。`multMatrix()`関数を使えば面倒な計算を簡単に処理できます！

8.4　行列の掛け算における順序

　行列の掛け算では、$A \times B$が必ずしも$B \times A$と同じにならないということに注意が必要です。先ほどの例で、逆順にした場合の結果を確認してみます。

$$\begin{bmatrix} 3 & -4 \\ 5 & 6 \end{bmatrix} \begin{bmatrix} 1 & -2 \\ 2 & 1 \end{bmatrix} = \begin{bmatrix} -5 & -10 \\ 17 & -4 \end{bmatrix}$$

Pythonシェルでは以下のようにして計算します。

```
>>> a = [[1, -2], [2, 1]]
>>> b = [[3, -4], [5, 6]]
>>> multMatrix(b, a)
[[-5, -10], [17, -4]]
```

　このように、同じ行列を逆順にして、`multMatrix(a, b)`ではなく`multMatrix(b, a)`として計算するとまったく違った値を持った行列になることがわかります。$A \times B$は$B \times A$と等しいとは限らないことを覚えておいてください。

8.5　2次元の図形を描く

　行列の計算ができるようになったので、次は複数の点をリストにすることで2次元の図形を描けるようにしましょう。Processingで新しいスケッチを開いて、matricesという名前で保存します。**例4-11**のgrid.pydeが既にあるのであれば、基本的な部分のコードをコピーペーストできます。もしなければ**例8-3**のコードを入力してください。

例8-3　グリッドを描くコード　　　　　　　　　　　　　　　　　　**matrices.pyde**

```
# xの値の範囲を設定
xmin = -10
xmax = 10
```

```python
# yの値の範囲
ymin = -10
ymax = 10

# 範囲を計算
rangex = xmax - xmin
rangey = ymax - ymin

def setup():
    global xscl, yscl
    size(600, 600)
    # グリッドを描くためのスケール因子:
    xscl= width / rangex
    yscl= -height / rangey
    noFill()

def draw():
    global xscl, yscl
    background(255)  # 白
    translate(width / 2, height / 2)
    grid(xscl, yscl)

def grid(xscl, yscl):
    """グラフ用のグリッドを描画"""
    # シアン色の線
    strokeWeight(1)
    stroke(0, 255, 255)
    for i in range(xmin, xmax + 1):
        line(i * xscl, ymin * yscl, i * xscl, ymax * yscl)
    for i in range(ymin, ymax + 1):
        line(xmin * xscl, i * yscl, xmax * xscl, i * yscl)
    stroke(0)   # 黒の軸線
    line(0, ymin * yscl, 0, ymax * yscl)
    line(xmin * xscl, 0, xmax * xscl, 0)
```

　単純な図形を描いた後、行列を使って図形を変形させます。ここではFの文字を図形として描きます。その理由として、Fには曲線的な部分がなく、また鏡面対称な部分もないからです（さらに、筆者のイニシャルでもあります）。**図8-2**のような座標を使って描くことにしましょう。

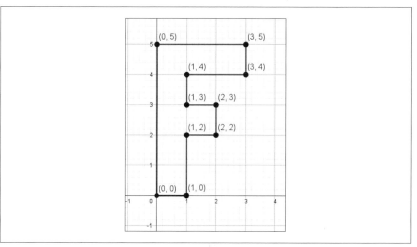

図8-2 Fを描くための座標

そして**例8-4**のコードを draw() 関数の後ろに追加して、Fの角を表すそれぞれの点を線で結びます。

例8-4 点を結んで F を描く

```
fmatrix = [[0, 0], [1, 0], [1, 2], [2, 2], [2, 3], [1, 3], [1, 4],
           [3, 4], [3, 5], [0, 5]]

def graphPoints(matrix):
    # 一連の点同士を線で結ぶ
    beginShape()
    for pt in matrix:
        vertex(pt[0] * xscl, pt[1] * yscl)
    endShape(CLOSE)
```

まず fmatrix という名前のリストを用意して、文字Fを描くために必要な座標をそれぞれ行として追加します。graphPoints() 関数は引数に行列を1つとり、この行列内の行が Processing の beginShape() および endShape() の間で頂点として設定されます。また、draw() 関数内では fmatrix を引数にして graphPoints() を呼び出しています。**例8-5**のコードを draw() の末尾に追記します。

例8-5 Fの座標から図形を描くプログラム

```
strokeWeight(2)    # 若干太めの線
stroke(0)          # 黒
graphPoints(fmatrix)
```

fmatrixは座標を要素に持ったリストなので、この変数を引数にして graphPoints()関数を呼び出します。

Processingの組み込み関数strokeWeight()を使うと、線の太さを設定できます。また、stroke()では線の色を設定できます。今回はFを黒線で描きます。実行結果は**図8-3**のようになります。

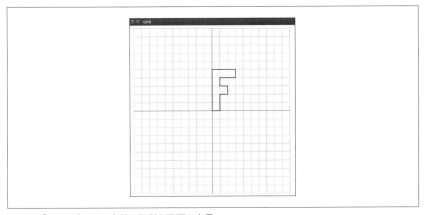

図8-3 「fmatrix」という名前の行列を画面に表示

授業で行列を学ぶ際、足したり掛けたりする方法については教わることと思いますが、その計算が必要になる理由については教わっていないことと思います。行列をグラフとして表示した後、その行列に別の行列を掛けると図形を**変換**（transforming）できます。

8.6 変換行列

行列を掛けるとどのような変換が起こるのかを確認するために、Web上で見つけた 2×2行列を掛けてみます（**図8-4**）。

$\mathbb{R}^2$ において、固定座標系上におけるベクトル v_0 を反時計回りの角度 θ で回転させる行列を考える。この行列は

$$R_\theta = \begin{bmatrix} \cos\theta & -\sin\theta \\ \sin\theta & \cos\theta \end{bmatrix},$$

であるので

$$v' = R_\theta \, v_0.$$

図8-4　mathworld.wolfram.com で見つけた変換行列

この行列を使うと、シータ（θ）で表される角度の分だけ、反時計回りにFを回転させることができます。たとえば角度を90度にすると $\cos(90) = 0$ および $\sin(90) = 1$ となります。したがって、90度反時計回りに回転させる行列は以下の通りです。

$$R = \begin{bmatrix} 0 & -1 \\ 1 & 0 \end{bmatrix}$$

以下のコードを matrices.pyde の setup() 関数の前に追加して、変換行列を定義します。

```
transformation_matrix = [[0, -1], [1, 0]]
```

そして文字Fを表現する行列 F にこの変換行列を掛けて、新しい行列を作ります。行列 F は 10×2 の行列で、変換行列 T（transformation_matrix）は 2×2 の行列なので、$F \times T$ と掛けることはできますが、$T \times F$ とはできません。

1番目の行列の列数が2番目の行列の行数と同じでなければいけないことに注意してください。元の行列 F を黒線、変形後の行列 F を赤線で表示します。draw() 関数のコードを**例8-6**のコードに書き換えてください。

例8-6　行列を掛けて点をグラフとして表示

```
newmatrix = multMatrix(fmatrix, transformation_matrix)
graphPoints(fmatrix)
stroke(255, 0, 0) # 結果の行列は赤
graphPoints(newmatrix)
```

コードを実行すると**図8-5**のようになります。

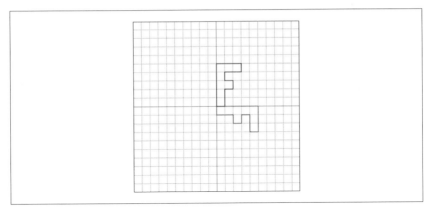

図8-5 時計回りに回転？

　反時計回りになっていません！**図8-4**をもう一度見てみると、掛け算の順序が違っていることがわかります。正しくは、まず変換行列を掛けて、それから点を変換させることになっています。

$$v' = R_\theta v_0$$

　つまり、変形後のベクトルv（v'）は回転ベクトルR_θに初期ベクトルv_0を掛けたものだということです。具体的には、x軸方向に2、y軸方向に3進むベクトルは標準的な(x, y)座標と同じような$(2, 3)$ではないということです。正しくは以下のように、1×2行列ではなく2×1行列とします。

$$\begin{bmatrix} 2 \\ 3 \end{bmatrix}$$

　リスト形式の記述方法の場合には[[2], [3]]と書くことになります。したがって行列Fは

```
fmatrix = [[[0], [0]], [[1], [0]], [[1], [2]], [[2], [2]], [[2], [3]],
           [[1], [3]], [[1], [4]], [[3], [4]], [[3], [5]], [[0], [5]]]
```

あるいは

```
fmatrix = [[0, 1, 1, 2, 2, 1, 1, 3, 3, 0], [0, 0, 2, 2, 3, 3, 4, 4, 5, 5]]
```

と書かなければいけません。1つ目のコードでは確かに点のx, y座標を同じ要素内においておけますが、括弧の数が多すぎます！ 2つ目のコードではx, y座標を隣り合わせに書けません。別の方法を探してみましょう。

8.7　転置行列

行列には行を列、列を行に置き換える**転置**（transposition）という重要な概念があります。先の行列では行列FをF^T、つまりFの転置行列に変換すればうまくいきます。

$$F = \begin{bmatrix} 0 & 0 \\ 1 & 0 \\ 1 & 2 \\ 2 & 2 \\ 2 & 3 \\ 1 & 3 \\ 1 & 4 \\ 3 & 4 \\ 3 & 5 \\ 0 & 5 \end{bmatrix}$$

$$F^T = \begin{bmatrix} 0 & 1 & 1 & 2 & 2 & 1 & 1 & 3 & 3 & 0 \\ 0 & 0 & 2 & 2 & 3 & 3 & 4 & 4 & 5 & 5 \end{bmatrix}$$

では行列を転置させる関数transpose()を作成します。以下の**例8-7**のコードを、matrices.pydeのdraw()関数の後ろに追加します。

例8-7　行列を転置させるコード

```
def transpose(a):
    """行列aを転置させる"""
    output = []
    m = len(a)
    n = len(a[0])
    # n×m行列を作成
    for i in range(n):
        output.append([])
        for j in range(m):
            # a[i][j]とa[j][i]を入れ替える
            output[i].append(a[j][i])
    return output
```

まず転置行列の値を持つことになる空のリストをoutputという名前で作成します。そして行列の行数をm、列数をnとします。転置後の行列はn×mの行列になります。n行それぞれに対して、空のリストを作り、i行目のすべての値を転置行列のj列目の値として設定します。

transpose関数の以下の行ではaの行と列を入れ替えています。

```
output[i].append(a[j][i])
```

最後に転置行列を返しています。ではテストしてみましょう。transpose()関数をmatrices.pyに追加して実行します。その後に以下のコードをシェルへ入力します。

```
>>> a = [[1, 2, -3, -1]]
>>> transpose(a)
[[1], [2], [-3], [-1]]
>>> b = [[4, -1],
         [-2, 3],
         [6, -3],
         [1, 0]]
>>> transpose(b)
[[4, -2, 6, 1], [-1, 3, -3, 0]]
```

動きました！後は行列Fに変換行列（transformation_matrix）を掛ける前に転置させるだけです。図形を表示するには、**例8-8**のようにさらに結果を転置させる必要があります。

例8-8 行列を転置して変換行列を掛け、さらに転置する　　　　　　　　　**matrices.pyde**

```
def draw():
    global xscl, yscl
    background(255)      # 白
    translate(width / 2, height / 2)
    grid(xscl, yscl)
    strokeWeight(2)      # 太めの線
    stroke(0)            # 黒
❶   newmatrix = transpose(multMatrix(transformation_matrix,
                    ❷   transpose(fmatrix)))
    graphPoints(fmatrix)
    stroke(255, 0, 0)    # 結果の行列は赤
    graphPoints(newmatrix)
```

draw()関数内のnewmatrixの行❶でtranspose()関数を呼び出すようにします❷。そうすると、**図8-6**のように正しく反時計回りに回転させることができます。

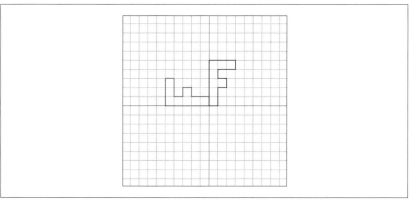

図8-6　行列を使って反時計回りに回転させる

matrices.pydeのコードは最終的には**例8-9**のようになります。

例8-9　文字Fを描いて変形させるコード　　　　　　　　　　　　　　　　　**matrices.pyde**

```python
# xの値の範囲を設定
xmin = -10
xmax = 10

# yの値の範囲
ymin = -10
ymax = 10

# 範囲を計算
rangex = xmax - xmin
rangey = ymax - ymin

transformation_matrix = [[0, -1], [1, 0]]

def setup():
    global xscl, yscl
    size(600, 600)
    # グリッドを描くためのスケール因子:
    xscl= width / rangex
```

```
    yscl= -height / rangey
    noFill()

def draw():
    global xscl, yscl
    background(255)        # 白
    translate(width / 2, height / 2)
    grid(xscl, yscl)
    strokeWeight(2)        # やや太い線
    stroke(0)              # 黒
    newmatrix = transpose(multMatrix(transformation_matrix,
                          transpose(fmatrix)))
    graphPoints(fmatrix)
    stroke(255, 0, 0)      # 結果の行列は赤
    graphPoints(newmatrix)

fmatrix = [[0, 0], [1, 0], [1, 2], [2, 2], [2, 3], [1, 3], [1, 4],
          [3, 4], [3, 5], [0, 5]]

def multMatrix(a, b):
    # 行列aと行列bを掛けた結果を返す
    m = len(a)             # 1番目の行列の行数
    n = len(b[0])          # 2番目の行列の列数
    newmatrix = []
    for i in range(m):     # aのすべての行を処理
        row = []
        # bのすべての列を処理
        for j in range(n):
            sum1 = 0
            # 列内のすべての要素を処理
            for k in range(len(b)):
                sum1 += a[i][k] * b[k][j]
            row.append(sum1)
        newmatrix.append(row)
    return newmatrix

def transpose(a):
    """行列aを転置する"""
    output = []
    m = len(a)
```

```
    n = len(a[0])
    # n×m行列を作成
    for i in range(n):
        output.append([])
        for j in range(m):
            # a[i][j]とa[j][i]を入れ替える
            output[i].append(a[j][i])
    return output

def graphPoints(matrix):
    # 一連の点同士を線で結ぶ
    beginShape()
    for pt in matrix:
        vertex(pt[0] * xscl, pt[1] * yscl)
    endShape(CLOSE)

def grid(xscl, yscl):
    """グラフ用のグリッドを描画"""
    # シアン色の線
    strokeWeight(1)
    stroke(0, 255, 255)
    for i in range(xmin, xmax + 1):
        line(i * xscl, ymin * yscl, i * xscl, ymax * yscl)
    for i in range(ymin, ymax + 1):
        line(xmin * xscl, i * yscl, xmax * xscl, i * yscl)
    stroke(0) # 黒の軸線
    line(0, ymin * yscl, 0, ymax * yscl)
    line(xmin * xscl, 0, xmax * xscl, 0)
```

課題8-1 さらなる変換行列

変換行列を以下の行列に変更すると何が起こるか確認すること。

$$\text{a)} \begin{bmatrix} 1 & 0 \\ 0 & -1 \end{bmatrix} \quad \text{b)} \begin{bmatrix} 0 & -1 \\ -1 & 0 \end{bmatrix} \quad \text{c)} \begin{bmatrix} -1 & 1 \\ 1 & 1 \end{bmatrix}$$

8.8　リアルタイムに行列で回転させる

これまでの説明で、行列を使えば点列を変換することができるということがわかりました。しかしこの変換はリアルタイムかつインタラクティブに行うことができるのです！ matrices.pydeの draw() 関数を**例8-10**のように書き換えます。

例8-10　行列を使ってリアルタイムに回転させる

```
def draw():
    global xscl, yscl
    background(255)    # 白
    translate(width / 2, height / 2)
    grid(xscl, yscl)
    ang = map(mouseX, 0, width, 0, TWO_PI)
    rot_matrix = [[cos(ang), -sin(ang)],
                  [sin(ang), cos(ang)]]
    newmatrix = transpose(multMatrix(rot_matrix, transpose(fmatrix)))
    graphPoints(fmatrix)
    strokeWeight(2)    # 太めの線
    stroke(255, 0, 0)  # 結果の行列は赤
    graphPoints(newmatrix)
```

7章では sin() と cos() を使って図形を回転させたり揺らしたりしました。ここでは、点を含んだ行列を回転行列で変換します。回転行列の一般形は以下の通りです。

$$R(\theta) = \begin{bmatrix} \cos(\theta) & -\sin(\theta) \\ \sin(\theta) & \cos(\theta) \end{bmatrix}$$

筆者のPCではシータ（θ）をキーボードで入力できないので、代わりに回転の角度を意味する英語のangleから angとして表します。一番重要な点は、angをマウスの位置から得た値に応じて変化させるということです。つまり毎回のループでは、マウスの位置によって angの値を決め、angをそれぞれの式に代入していくことになります。正弦関数および余弦関数を使えば具体的な値がわかるので、回転行列と行列Fを掛け合わせます。回転行列はマウスの位置によって決まることになるので、毎回わずかに違う行列になります。

これで**図8-7**のように、マウスを左右に移動させるたびに赤いFが回転するようになりました。

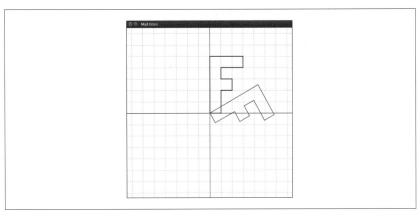

図8-7 行列を使ってリアルタイムに変形させる!

コンピュータ上でアニメーションさせようとすると、必ず今回のような処理を行うことになります。行列の応用例としては、おそらくコンピュータグラフィックスの作成が最も多いでしょう。

8.9 3次元画像を作る

これまでは行列を使って2次元の画像を処理していました。それでは、コンピュータの画面のような2次元の平面上で3次元の物質を表現できるようにするには、数学者として何をしたらいいのでしょうか。

例8-11のコードに戻り、matrices3Dという名前を付けて保存します。fmatrixの値を以下の通り変更します。

例8-11 行列Fの3次元バージョン

```
fmatrix = [[0, 0, 0], [1, 0, 0], [1, 2, 0], [2, 2, 0], [2, 3, 0],
          [1, 3, 0], [1, 4, 0], [3, 4, 0], [3, 5, 0], [0, 5, 0],
          [0, 0, 1], [1, 0, 1], [1, 2, 1], [2, 2, 1], [2, 3, 1],
          [1, 3, 1], [1, 4, 1], [3, 4, 1], [3, 5, 1], [0, 5, 1]]
```

Fに深さを設定するには、座標を含んだ行列にもう1階層データを追加する必要があります。Fには今のところx軸とy軸という2次元の情報しかありません。そこで、z軸という方向を考えることにより、2次元のオブジェクトを3次元として見ることができる

ようになります。2次元オブジェクトは z 軸の値が 0 です。したがって、配列の先頭 10
個には z 軸の値が 0 の座標を入力します。そしてこの 10 個の値をコピーした後、それぞ
れの 3 番目の値を 1 にします。そうすることで前面に描かれる F とまったく同じ形を背
面のレイヤーに描くことができます。

　これで F の 2 つのレイヤーを用意できたので、あとは前面と背面のレイヤーを線で結
びます。**例8-12**のように、どの点と点を結ぶべきかを設定するリスト edges を用意し
て、簡単に線を描けるようにします。

例8-12　辺（F上の点を結ぶ線）を制御する

```
# 結ぶ点同士のリスト:
edges = [[0, 1], [1, 2], [2, 3], [3, 4], [4, 5], [5, 6], [6, 7],
         [7, 8], [8, 9], [9, 0], [10, 11], [11, 12], [12, 13],
         [13, 14], [14, 15], [15, 16], [16, 17], [17, 18],
         [18, 19], [19, 10], [0, 10], [1, 11], [2, 12], [3, 13],
         [4, 14], [5, 15], [6, 16], [7, 17], [8, 18], [9, 19]]
```

　ここではどの点同士が線分、あるいは**辺**（edge）として結ばれるべきかを設定してい
ます。たとえば 1 つ目の要素 [0, 1] では、リスト内のインデックス 0 の座標 (0, 0, 0)
とインデックス 1 の座標 (1, 0, 0) を結ぶことを表しています。先頭の 10 個は前面の F を
つなぐ辺で、続く 10 個は背面の F をつなぐ辺を決めています。その後、前面の F と背
面の F のそれぞれ対応する点をつなぐ辺を決めています。たとえば [0, 10] ではイン
デックス 0 の点 (0, 0, 0) とインデックス 10 の点 (0, 0, 1) を結びます。

　ここまでで、点を使ってグラフを描くときに、単に点同士を結ぶ以上のことができ
るようになりました。**例8-13**はリスト内の点同士を辺に従って結んで表示する関数
graphPoints() です。grid() の直前に作成していた古い graphPoints() 関数を
新しい定義で置き換えます。

例8-13　辺を使って点を描く

```
def graphPoints(pointList, edges):
    """リスト内の点を線分として描く"""
    for e in edges:
        line(pointList[e[0]][0] * xscl, pointList[e[0]][1] * yscl,
            pointList[e[1]][0] * xscl, pointList[e[1]][1] * yscl)
```

　既に説明したように、Processingで2つの点(x1, y1)と(x2, y2)を結ぶには`line(x1,`
`y1, x2, y2)`とします。この関数は、`pointList`（実行時には`fmatrix`を指定）と
いう点のリストと、点のインデックスを指定して辺を描く`edges`というリストを引数
にとります。`edges`リスト内にあるすべての項目`e`に対して、1つ目の点のインデック
ス`e[0]`と2つ目の点のインデックス`e[1]`を使って線を描きます。x座標にはx軸のス
ケール因子`xscl`を掛けます。

```
pointList[e[0]][0] * xscl
```

また、y座標にもy軸のスケール因子を掛けます。

```
pointList[e[0]][1] * yscl
```

　そして`rot`と`tilt`という2つの変数を使って、マウスの座標を反映した変換行列を
作ります。`rot`にはマウスのx座標を0から2πの範囲にした値を設定して、**例8-6**と
同じように回転行列を作ります。`tilt`には同じようにしてマウスのy座標を反映させ
ます。**例8-14**のコードを`draw()`内の行列を掛け合わせる前の位置に追加します。

例8-14 上下と左右の回転をマウスに追従させる

```
rot = map(mouseX, 0, width, 0, TWO_PI)
tilt = map(mouseY, 0, height, 0, TWO_PI)
```

　次に、回転行列同士を掛け合わせる関数を用意して、変換行列が1つになるようにし
ます。これが行列の素晴らしいところで、行列を掛け合わせるだけで変形の操作を「足
す」ことができるのです！

8.10　回転行列を作る

　では2つの行列から1つの回転行列を作ります。数学の教科書で3次元の回転行列を
見たことがあれば、以下のようになっていることでしょう。

$$R_y(\theta) = \begin{bmatrix} \cos(\theta) & 0 & -\sin(\theta) \\ 0 & 1 & 0 \\ \sin(\theta) & 0 & \cos(\theta) \end{bmatrix}$$

$$R_x(\theta) = \begin{bmatrix} 1 & 0 & 0 \\ 0 & \cos(\theta) & \sin(\theta) \\ 0 & -\sin(\theta) & \cos(\theta) \end{bmatrix}$$

$R_y(\theta)$は点をy軸中心に回転させる行列なので、左右の回転を表します。$R_x(\theta)$はx軸中心の回転で、上下の回転を表します。

例8-15はrottilt()関数のコードで、rotとtiltという2つの引数をとって、変換行列に代入します。この関数がまさに2つの行列を1つにしているところです。**例8-15**のコードをmatrices3D.pydeに追加します。

例8-15 回転行列を作る関数

```
def rottilt(rot, tilt):
    """2つの回転角を指定して、1つの回転行列を返す"""
    rotmatrix_Y = [[cos(rot), 0.0, sin(rot)],
                   [0.0, 1.0, 0.0],
                   [-sin(rot), 0.0, cos(rot)]]
    rotmatrix_X = [[1.0, 0.0, 0.0],
                   [0.0, cos(tilt), sin(tilt)],
                   [0.0, -sin(tilt), cos(tilt)]]
    return multMatrix(rotmatrix_Y, rotmatrix_X)
```

rotmatrix_Yとrotmatrix_Xを掛けた結果の行列を返します。このようにx軸での回転(R_x)や、y軸での回転(R_y)、S倍に拡大、転置行列への変換Tをそれぞれ変数としておくと、複数の操作を簡単に組み合わせることができるようになります。操作それぞれにたいして掛け合わせるのではなく、すべての操作を1つの行列としてまとめています。行列を掛けて新しい行列$M = R_y(R_x(S(T)))$を作ります。したがってdraw()関数も変更しなければいけません。変更後のdraw()は**例8-16**のようになります。

例8-16 変更後のdraw()関数

```
def draw():
    global xscl, yscl
    background(255)    # 白
    translate(width / 2, height / 2)
    grid(xscl, yscl)
    rot = map(mouseX, 0, width, 0, TWO_PI)
```

```
tilt = map(mouseY, 0, height, 0, TWO_PI)
newmatrix = transpose(multMatrix(rottilt(rot, tilt), transpose(fmatrix)))
strokeWeight(2)    # 太めの線
stroke(255, 0, 0)  # 結果の行列は赤
graphPoints(newmatrix, edges)
```

コードを実行すると**図8-8**のように表示されます。

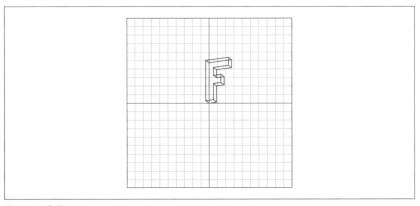

図8-8　3次元のF!

xminとxmaxとyminとymaxを変更して、さらにdraw()内のgrid()を削除すればグリッド線を消してFをもっと大きく表示できます。

回転する3次元図形を描くコードの完成形は**例8-17**のようになります。

例8-17　3次元のFを回転させるコードの完成形　　　　　　　　**matrices3D.pyde**

```
# xの値の範囲を設定
xmin = -5
xmax = 5

# yの値の範囲
ymin = -5
ymax = 5

# 範囲を計算
rangex = xmax - xmin
rangey = ymax - ymin
```

```
def setup():
    global xscl, yscl
    size(600, 600)
    # グリッドを描くためのスケール因子:
    xscl= width / rangex
    yscl= -height / rangey
    noFill()

def draw():
    global xscl, yscl
    background(0)        # 黒
    translate(width / 2, height / 2)
    rot = map(mouseX, 0, width, 0, TWO_PI)
    tilt = map(mouseY, 0, height, 0, TWO_PI)
    strokeWeight(2)      # やや太い線
    stroke(0)            # 黒
    newmatrix = transpose(multMatrix(rottilt(rot, tilt), transpose(fmatrix)))
    # graphPoints(fmatrix)
    stroke(255, 0, 0)    # 結果の行列は赤
    graphPoints(newmatrix, edges)

fmatrix = [[0, 0, 0], [1, 0, 0], [1, 2, 0], [2, 2, 0], [2, 3, 0], [1, 3, 0],
           [1, 4, 0], [3, 4, 0], [3, 5, 0], [0, 5, 0],
           [0, 0, 1], [1, 0, 1], [1, 2, 1], [2, 2, 1], [2, 3, 1], [1, 3, 1],
           [1, 4, 1], [3, 4, 1], [3, 5, 1], [0, 5, 1]]

# 結ぶ点同士のリスト:
edges = [[0, 1], [1, 2], [2, 3], [3, 4], [4, 5], [5, 6], [6, 7],
         [7, 8], [8, 9], [9, 0],
         [10, 11], [11, 12], [12, 13], [13, 14], [14, 15], [15, 16], [16, 17],
         [17, 18], [18, 19], [19, 10],
         [0, 10], [1, 11], [2, 12], [3, 13], [4, 14], [5, 15], [6, 16], [7, 17],
         [8, 18], [9, 19]]

def rottilt(rot, tilt):
    """2つの回転角を指定して、1つの回転行列を返す"""
    rotmatrix_Y = [[cos(rot), 0.0, sin(rot)],
                   [0.0, 1.0, 0.0],
                   [-sin(rot), 0.0, cos(rot)]]
```

```python
    rotmatrix_X = [[1.0, 0.0, 0.0],
                   [0.0, cos(tilt), sin(tilt)],
                   [0.0, -sin(tilt), cos(tilt)]]
    return multMatrix(rotmatrix_Y, rotmatrix_X)

def multMatrix(a, b):
    """行列aと行列bを掛けた結果を返す"""
    m = len(a)      # 1番目の行列の行数
    n = len(b[0])   # 2番目の行列の列数
    newmatrix = []
    for i in range(m):  # 行列aのすべての行を処理
        row = []
        # 行列bのすべての列を処理
        for j in range(n):
            sum1 = 0
            # 列内のすべての要素を処理
            for k in range(len(b)):
                sum1 += a[i][k] * b[k][j]
            row.append(sum1)
        newmatrix.append(row)
    return newmatrix

def graphPoints(pointList, edges):
    """一連の点同士を線で結ぶ"""
    for e in edges:
        line(pointList[e[0]][0]*xscl, pointList[e[0]][1]*yscl,
             pointList[e[1]][0]*xscl, pointList[e[1]][1]*yscl)

def transpose(a):
    """行列aを転置させる"""
    output = []
    m = len(a)
    n = len(a[0])
    # n×m行列を作成
    for i in range(n):
        output.append([])
        for j in range(m):
            # a[i][j]とa[j][i]を入れ替える
            output[i].append(a[j][i])
    return outp[]{#_idTextAnchor006}ut
```

このコードではdraw()を変更して、グリッドを非表示にし、また背景色を
background(0)としています。そのため、黒の背景で*F*を回転表示するようになっ
ています（**図8-9**の通りです）！

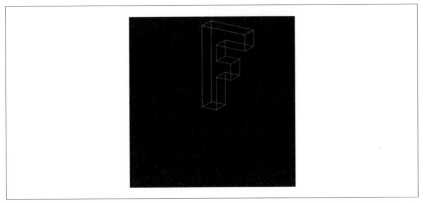

図8-9 マウスを動かすとFが変換される！

8.11　行列を使って連立方程式を解く

　2つか3つの未知数が含まれる連立方程式を解こうとしたことはないでしょうか？ こ
の問題は数学を学ぶ多くの人にとって難しいものです。また、未知数の個数が増えるに
つれて、連立方程式がさらに複雑になります。たとえば以下のような連立方程式を解く
場合も行列が役に立ちます。

$$2x + 5y = -1$$
$$3x - 4y = -13$$

この式を以下のような行列の掛け算に置き換えることができます。

$$\begin{bmatrix} 2 & 5 \\ 3 & -4 \end{bmatrix} \begin{bmatrix} x \\ y \end{bmatrix} = \begin{bmatrix} -1 \\ -13 \end{bmatrix}$$

この式は$2x = 10$という方程式と同じような形式をしています。両辺を2で割れば答
えがわかるわけです。つまり左辺にある行列で両方の辺を割れば答えがわかるのでは
ないでしょうか！

　実際、2で割るという計算を$\frac{1}{2}$掛けるという計算で置き換えられることと同じで、左

辺の行列を逆転させた行列が見つけられれば同じように計算ができます。½は2の乗法（掛け算）についての**逆数**（multiplicative inverse）と呼ばれるものですが、逆数の見つけ方はかなり複雑です。

8.11.1 ガウスの消去法

行列を使ってもう少し簡単に連立方程式を解くには、行を操作して左辺の行列を2×2の**単位行列**（identity matrix）という、数字の1と同じ役割をする行列に変換します。たとえば以下のように、ある行列と単位行列を掛け合わせると、元の行列と同じ行列になります。

$$\begin{bmatrix} 1 & 0 \\ 0 & 1 \end{bmatrix} \begin{bmatrix} x \\ y \end{bmatrix} = \begin{bmatrix} x \\ y \end{bmatrix}$$

右辺に出てくる数字がxとyの解になるので、以下のように1が行列の対角線上にあり、その他の値がすべて0で埋まるようにすることが最終的な目標になります。

$$\begin{bmatrix} 1 & 0 \\ 0 & 1 \end{bmatrix} \quad \text{または} \quad \begin{bmatrix} 1 & 0 & 0 \\ 0 & 1 & 0 \\ 0 & 0 & 1 \end{bmatrix}$$

正方行列の単位行列は行数と列数が等しく、また対角線上の要素がすべて1です。

ガウスの消去法（Gaussian elimination）とは、行列の行を操作して、単位行列へと変換する処理のことです。具体的には、行に定数を掛けたり割ったり、他の行を足したり引いたりすることになります。

ガウスの消去法を使う前に、まず係数と定数を1つのまとまった行列とみなすようにします。

$$\begin{bmatrix} 2 & 5 \\ 3 & -4 \end{bmatrix} \begin{bmatrix} x \\ y \end{bmatrix} = \begin{bmatrix} -1 \\ -13 \end{bmatrix} \rightarrow \begin{bmatrix} 2 & 5 & -1 \\ 3 & -4 & -13 \end{bmatrix}$$

そして左上の値が1になるよう、行全体の値を定数で割ります。つまり2/2で1になるので、1行目にあるすべての値を2で割ります。そうすると以下の行列になります。

$$\begin{bmatrix} 1 & 5/2 & -1/2 \\ 3 & -4 & -13 \end{bmatrix}$$

これで、値を0にしたい行に対する**反数**（additive inverse：ある数字に足すと0にな

る数) が計算できます。たとえばいまは単位行列を見つけたいわけなので、2行目に対する反数を求めます。3の反数は−3なので、1行目にある値それぞれに対して、−3を掛けてから同じ列にある2行目の値に足します。つまり1行1列の値1に−3を掛けて、2行1列の値に足します。これをすべての行に繰り返します。たとえば1行3列の値は−1/2ですが、−3を掛けて（結果は1.5）、同じ行にある値それぞれに足します。今回は−13なので、計算結果は−11.5、あるいは−23/2になります。この計算を続けると以下のような結果になります。

$$\begin{bmatrix} 1 & 5/2 & -1/2 \\ 0 & -23/2 & -23/2 \end{bmatrix}$$

次は2行2列の値が1になるようにします。2行目に−2/23を掛ければいいので、以下のようになります。

$$\begin{bmatrix} 1 & 5/2 & -1/2 \\ 0 & 1 & 1 \end{bmatrix}$$

最後に、1行2列の値が0になるよう、2行目の値それぞれに5/2の反数を掛けた値を1行目のそれぞれに足します。つまり2行目の値に−5/2を掛けた値を1行目のそれぞれに足します。このとき、1行1列にある1は変わらないことに注意してください。

$$\begin{bmatrix} 1 & 0 & -3 \\ 0 & 1 & 1 \end{bmatrix}$$

以上より、連立方程式の解は$x = -3, y = 1$と計算できました。
元の式に代入して検算してみます。

$$2(-3) + 5(1) = -6 + 5 = -1$$
$$3(-3) - 4(1) = -9 - 4 = -13$$

どちらの式も正しいですが、手で計算するには手間です。そこで、連立方程式がどれだけ大きくなっても自動的に計算できるようなPythonプログラムを作ることにしましょう！

8.11.2 gauss()関数を作る

この節では、連立方程式を解く関数gauss()を作成します。プログラムとして実装

するには難しそうに思えますが、実際には2つの手順をプログラムするだけです。

1. 行にあるすべての要素を対角成分で割る
2. 1つの行にあるそれぞれの要素と、別の行の値をそれぞれ足す

8.11.2.1　行にあるすべての要素を割る

まず、行にあるすべての要素を特定の数で割ります。たとえば [1, 2, 3, 4, 5]
という行があるとします。この行を2で割るとすると、**例8-18**のようなコードになりま
す。新しいPythonファイルを開いて、gauss.pyという名前で保存した後、**例8-18**のコー
ドを入力します。

例8-18　行にあるすべての要素を因数で割る

```
divisor = 2
row = [1, 2, 3, 4, 5]
for i, term in enumerate(row):
    row[i] = term / divisor
print(row)
```

ここではリストrowに対してenumerate()を使うことで、インデックスと要素の
値それぞれを取得しつつ走査しています。そしてrow[i]それぞれに対して、設定し
た因数で割った値に置き換えます。このコードを実行すると以下のような5つの値にな
ります。

```
[0.5, 1.0, 1.5, 2.0, 2.5]
```

8.11.2.2　それぞれの要素を対応する要素と足し合わせる

次は、行にあるそれぞれの要素をその他の行にある対応する要素に足していきます。
たとえば行0にあるすべての要素を行1にある要素に足した後、行1の値を更新します。

```
>>> my_matrix = [[2, -4, 6, -8],
                 [-3, 6, -9, 12]]
>>> for i in range(len(my_matrix[1])):
        my_matrix[1][i] += my_matrix[0][i]

>>> print(my_matrix)
[[2, -4, 6, -8], [-1, 2, -3, 4]]
```

ここでは my_matrix の2番目(インデックスが1)の行をすべて処理しています。2行目にあるそれぞれの要素(インデックスが i)に、対応する1行目(インデックスが0)の要素を足しています。このようにすると、1行目の要素と2行目の要素を足すことができます。1行目は変更されていないことに注意してください。連立方程式を解く手順においても、同じような処理を行うことになります。

8.11.2.3 すべての行で処理を繰り返す

以上の手順を組み合わせて、行列内のすべての行を処理するようにします。行列の名前を A とします。x と y と z と定数項を並べた後、係数と定数項だけを行列の要素にします。

$$A = \begin{bmatrix} 2 & 1 & -1 & 8 \\ -3 & -1 & 2 & -1 \\ -2 & 1 & 2 & -3 \end{bmatrix} \Longleftarrow \begin{array}{l} 2x + y - z = 8 \\ -3x - y + 2z = -1 \\ -2x - y + 2z = -3 \end{array}$$

まず**例8-19**のコードのようにして、対角上にある要素が1になるようにそれぞれの要素を割ります。

例8-19 それぞれの行を対角上の要素で割る

```
for j, row in enumerate(A):
    # 対角上にある要素で割ることにより
    # 対角上の要素の値が1になるようにする
    if row[j] != 0:        # 対角上の要素は0にならない
        divisor = row[j]   # 対角上の要素
        for i, term in enumerate(row):
            row[i] = term / divisor
```

行列 A に対して enumerate を呼ぶことで、行列のたとえば1行目([2, 1, -1, 8])と行のインデックス j(1行目の場合は0)を取得します。対角上の要素は行番号と列番号が同じ要素、つまり0行0列や1行1列などです。

次に、行列のそれぞれの行に対して2番目の処理を実行します。対角上にない行(i と j が異なる行)に対して、j 列目の要素の反数を計算し、j 行目のそれぞれの要素と掛けた後、i 行目にある要素と足し合わせます。**例8-20**のコードを gauss() 関数に追加しましょう。

例8-20 対角にない1行目の要素を0にする

```
for i in range(m):
    if i != j:  # j行目には以下の処理を行わない
        # 反数を計算
        addinv = -1 * A[i][j]
    # i番目の列をすべて処理
    for ind in range(n):
        # i行目にある要素に反数を掛けた値と
        # j行目の要素を足す
        A[i][ind] += addinv * A[j][ind]
```

　mが行の数になっているので、まずfor i in range(m)としてすべての行に繰り返します。対角上にある要素は既に割ってあるため、処理済みの行だった場合、つまりiとjが同じ場合はスキップします。今回の例であれば、行列Aの1行目に3を掛けた後、それぞれの要素を2行目の要素に足します。また、1行目に2を掛けた後、それぞれの要素を3行目の要素に足します。そうすると2, 3行目の1列目が0になります。

$$
\begin{bmatrix} 1 & 1/2 & -1/2 & 4 \\ -3 & -1 & 2 & -1 \\ -2 & 1 & 2 & -3 \end{bmatrix} \longrightarrow \begin{bmatrix} 1 & 1/2 & -1/2 & 4 \\ 0 & 1/2 & 1/2 & 1 \\ 0 & 2 & 1 & 5 \end{bmatrix}
$$

　これで1列目の処理が終わって、対角上の要素が1になりました。同じ処理を2列目以降にも繰り返すことになります。

8.11.2.4　これまでのまとめ

　これまでのコードをgauss()関数にまとめて、結果を出力できるようにします。全体のコードは**例8-21**のようになります。

例8-21　gauss()関数の完成形

```
def gauss(A):
    """ガウスの消去法を使って行列を単位行列に変換し、
    最終列にそれぞれの変数の解を持った行列にする"""
    m = len(A)
    n = len(A[0])
    for j, row in enumerate(A):
        # 対角上にある要素で割ることにより
```

```
        # 対角上の要素の値が1になるようにする
        if row[j] != 0:  # 対角上の要素は0にならない
            divisor = row[j]
            for i, term in enumerate(row):
                row[i] = term / divisor
        # それぞれの行に対して、他の行を反数に足す
        for i in range(m):
            if i != j:  # j行目は処理しない
                # 反数を計算
                addinv = -1 * A[i][j]
                # i番目の列をすべて処理
                for ind in range(n):
                    # i行目にある要素に反数を掛けた値と
                    # j行目の要素を足す
                    A[i][ind] += addinv * A[j][ind]
    return A
# 例:
B = [[2, 1, -1, 8],
     [-3, -1, 2, -1],
     [-2, 1, 2, -3]]
print(gauss(B))
```

実行結果は以下のようになります。

```
[[1.0, 0.0, 0.0, 32.0], [0.0, 1.0, 0.0, -17.0], [-0.0, -0.0, 1.0, 39.0]]
```

行列形式だと以下の通りです。

$$\begin{bmatrix} 1 & 0 & 0 & 32 \\ 0 & 1 & 0 & -17 \\ 0 & 0 & 1 & 39 \end{bmatrix}$$

それぞれの行の最後の列を見ると、$x = 32, y = -17, z = 39$ であることがわかります。これらの値を元の式に代入して確認します。

$$2(32) + (-17) - (39) = 8 \quad 正解!$$
$$-3(32) - (-17) + 2(39) = -1 \quad 正解!$$
$$-2(32) + (-17) + 2(39) = -3 \quad 正解!$$

見事完成しました！これで未知数が2つや3つの方程式だけでなく、それ以上でも解

ける見込みが出てきました！ Pythonを知らないままだったとしたら、4元の連立方程
式を解くにはかなり手こずることになるでしょう。しかし読者の皆さんにはPythonが
あります！ Pythonシェルであっという間に答えが見つけられると、毎回感動するもの
があります。ガウスの消去法を手作業で計算したことがあれば、**課題8-2**を簡単に解け
ることにも感動することでしょう。

課題**8-2**　行列を入力する

先ほど作成したプログラムを使って、以下の式のw, x, y, zを求めなさい。

$$2w - x + 5y + z = -3$$
$$3w + 2x + 2y - 6z = -32$$
$$w + 3x + 3y - z = -47$$
$$5w - 2x - 3y + 3z = 49$$

8.12　まとめ

　数学の旅もかなり進んできました！ カメを歩かせるようなPythonの初歩的なプログ
ラムから始めて、難しい数学の問題をPythonで解くことができるようになりました。
この章では行列の足し算や掛け算、さらには2次元や3次元グラフィックスを行列で変
換するようなPythonプログラムを作りました！ Pythonによる行列の足し算や掛け算、
変換などのテクニックはどれも強力なものです。

　また、連立方程式を自動的に解く方法についても説明しました。3×3の行列に対し
て機能するプログラムでしたが、4×4の行列やそれ以上の行列でもうまく動きます！

　行列はニューラルネットワークのような、神経細胞をつなぎ合わせる数十数百の経路
を処理するツールとしても活用されます。入力された情報はこの章で作成したものと同
じ機能を使って掛け合わされたり、変換されたりしながらネットワーク上を「伝搬」され
ていきます。

　この章で説明した機能はいずれも、大学や大企業の部屋を埋め尽くすような強力な
コンピュータがなくても実現できるものばかりでした。PythonやProcessingを使えば、
普通のコンピュータで行列の計算を瞬時に行い、結果を素早く可視化できるのです！

　また、方程式の解を計算するだけでなく、行列を使ってマウスの動きに応じて変化

するようなグラフィックスを作ることもできました。次の章では、牧草と羊をモデル化したエコシステムを作成して、羊が勝手気ままに走り回るようなプログラムを作ります。羊の成長や食事、繁殖、死亡など、時間経過に応じてモデルを変化させます。1分以上有効だったモデルだけを使って、牧草の成長や羊の食事、繁殖のバランスを満たせるような環境かどうかを判定します。

III部
これまでの学習内容の発展

クラスを使った
オブジェクトの作成

年をとった教師は死ぬのではなく、単に授業を担当しなくなるだけだ
―作者不詳

　これまではProcessingの関数や機能を使って見栄えのいいグラフィックスを作ってきたわけですが、クラスを使うとさらに生産性が向上します。**クラス**（class）とはある構造のことで、新しい型あるいはオブジェクトを作ることができるようになります。オブジェクト型（通常は単にオブジェクトと呼びます）には**プロパティ**（property）と呼ばれる変数を持たせたり、**メソッド**（method）という機能を追加したりできます。Pythonを使ってたくさんのオブジェクトを画面に表示させたいこともよくありますが、そのためには多くの作業が必要になります。クラスを使うと同じプロパティを持ったいくつものオブジェクトを簡単に表示できるようになりますが、そのためには特別な文法を覚える必要があります。

　以下のコードはPythonの公式サイトからの引用で、クラスを使ってイヌ（Dog）のオブジェクトを作るためのものです。IDLEで新しいファイルを開き、dog.pyという名前で保存した後、コードを入力します。

dog.py

```
class Dog:
    def __init__(self, name):
        self.name = name
```

　class Dogと記述することで、Dogという名前の新しいオブジェクトが作れるようになります。クラスの名前を大文字で始める規則はPythonや他の多くの言語でも共通しますが、小文字で始まるクラス名であっても正しく動きます。Pythonの場合、クラ

スをインスタンス化する、あるいはクラスを作るためには、__init__メソッドという、initの前後それぞれにアンダースコアを2つ付けた名前のメソッドを用意します。このメソッドは特別なもので、オブジェクトを作る（あるいは構築する）ためのメソッドになります。__init__メソッドがあると、クラスのインスタンス（今回の場合はDog）を作ることができます。__init__メソッド内ではクラスのプロパティを自由に設定できます。Dogの場合は名前（name）を持つことができ、名前はそれぞれのイヌによって違うので、1番目の引数selfを使って設定しています。self引数はメソッドを呼び出す際に暗黙的に設定されるので、クラスを定義する場合にだけ必要です。別の引数名にすることもできますが、慣習的にselfが使われます。

　次に、以下のコードのようにすると名前を持ったイヌのオブジェクトを作ることができます。

```
d = Dog("Fido")
```

　これでdはFido[*1]という名前を持ったDogオブジェクトになりました。シェル上に以下のコードを入力すると名前を確認できます。

```
>>> d.name
'Fido'
```

　d.nameとして呼び出すと、nameプロパティにはFidoを設定したので、設定した値が返されることがわかります。また、以下のようにしてBettisaという別の名前のDogを作ることもできます。

```
>>> b = Dog("Bettisa")
>>> b.name
'Bettisa'
```

　イヌの名前が違うものになっていても、プログラム上はきちんと区別して覚えられていることがわかります！　他にも位置などの情報をオブジェクトに追加したときに、それらがオブジェクトごとに区別して覚えられているということが非常に重要です。

　最後に、クラスへ何かしらの関数を追加してみましょう。ただし関数とは呼びません！　クラス内の関数は**メソッド**（method）と呼ばれます。イヌは吠える（bark）ので、

[*1]　訳注：イタリアの「忠犬ハチ公」のような犬の名前。

例**9-1**のようなメソッドを追加してみます。

例**9-1** 吠えるイヌを作る！ **dog.py**

```python
class Dog:
    def __init__(self, name):
        self.name = name

    def bark(self):
        print("ワン!")

d = Dog("Fido")
```

イヌ d のメソッド bark() を呼ぶと吠えます。

```
>>> d.bark()
ワン!
```

この簡単な例からではDogクラスを作る理由がわからないかもしれませんが、クラスには文字通り何でも思いつくままに機能を追加できるということだけは覚えておいてください。この章ではクラスを使って、飛び回るボールや草を食べ回る羊のオブジェクトをいくつも作ります。まずは飛び回るボールの例を通じて、クラスを使うといかに簡単に機能を実現できるのかということを説明していきます。

9.1 飛び回るボールのプログラム

Processingのスケッチを新しく開いてBouncingBallという名前で保存します。画面上には円を1つ描きますが、この円を後ほど飛び回らせます。例**9-2**は1つの円を描くプログラムです。

例**9-2** 1つの円を描く **BouncingBall.pyde**

```python
def setup():
    size(600, 600)

def draw():
    background(0)  # 黒
    ellipse(300, 300, 20, 20)
```

まずウィンドウのサイズを幅600ピクセル、高さ600ピクセルに設定します。そして
背景を黒で埋めた後、ellipse()関数で円を描きます。この関数の先頭2つの引数に
はウィンドウの左上を基準にした位置を指定します。そして後の2つには円の幅と高さ
を指定します。今回の場合、ellipse(300, 300, 20, 20)としているので、**図
9-1**のようにウィンドウの中央に幅と高さが20の円が描かれます。

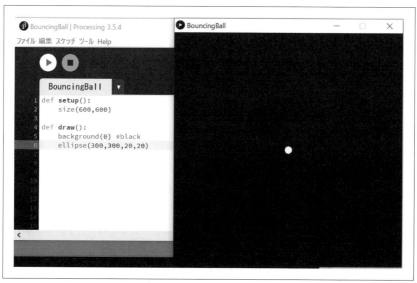

図9-1 飛び回るボール用のスケッチで1つの円を描く

ウィンドウの中央に円を1つ描くことができたので、この円を動かしてみます。

9.1.1 ボールを動かす

位置を変えればボールを動かすことができます。そこで、*x*座標と*y*座標を表す変数
を用意して、それぞれ300を初期値にします。これは画面の中央を表します。**例9-2**に
戻って、コードの先頭に**例9-3**のコードを追加します。

例9-3 x座標とy座標を表す変数を追加   **BouncingBall.pyde**

```
xcor = 300
ycor = 300

def setup():
```

```
size(600, 600)
```

xcorが*x*座標、ycorが*y*座標を表します。それぞれの変数の値を300にしています。

そして円の座標が変わるように、これら*x*座標と*y*座標の値を変えます。なお**例9-4**のように、これらの変数を使うようにコードを変更しておくようにしてください。

例9-4　xcorとycorをインクリメントして円の位置を変更する　　　**BouncingBall.pyde**

```
xcor = 300
ycor = 300

def setup():
    size(600, 600)

def draw():
❶   global xcor, ycor
    background(0)  # 黒
    xcor += 1
    ycor += 1
    ellipse(xcor, ycor, 20, 20)
```

ここで重要なポイントはglobal xcor, ycor❶の部分で、このようにするとdraw()関数内のローカル変数を新たに作るのではなく、既に作成しておいた変数をPythonが使うようになります。もしこの行がなかった場合、「local variable 'xcor' referenced before assignment.」（未割り当てのローカル変数が参照されました）というようなエラーになります。Processingが変数xcorとycorを使えるようになったので、グローバル変数（xcorとycor）の値を1ずつ増やした後、円の位置としてこれらの変数を使うようにします。

例9-4を保存して実行するとボールが**図9-2**のように動くはずです。

*x*座標と*y*座標をどちらも増やし続けているので、ボールは右下方向に動き続けますが、画面の端を越えるともう見えなくなってしまいます！ プログラムは愚直に変数の値を増やし続けるだけなので、ボールを画面に表示させたいだとか、壁にボールが当たったときに跳ね返らせたいだとかいうことはできません。ではボールが画面外に出てしまわないようにしましょう。

図9-2 ボールが動いた！

9.1.2 ボールが壁で跳ね返るようにする

　x座標とy座標に1を足すとオブジェクトの位置を変更できます。時間に応じた位置の変化量のことを、数学的には**速度**（velocity）と言います。xを連続して正の方向に増やす、つまり正のx軸方向に加速すると、（xが大きくなるにつれて）オブジェクトが右方向にあるようにみえます。逆に負の場合には左方向です。この「正で右、負で左」というコンセプトを使うと、ボールを壁で跳ね返せるようになります。まず、既存のコードに以下の**例9-5**のような変更を加えて、x軸速度とy軸速度の変数を用意します。

例9-5　ボールが壁で跳ね返るようコードを追加　　　　　　　　　　**BouncingBall.pyde**

```
xcor = 300
ycor = 300
xvel = 1
yvel = 2

def setup():
    size(600, 600)

def draw():
```

```
global xcor, ycor, xvel, yvel
background(0)  # 黒
xcor += xvel
ycor += yvel
# ボールが壁に当たったら方向を変える
if xcor > width or xcor < 0:
    xvel = -xvel
if ycor > height or ycor < 0:
    yvel = -yvel
ellipse(xcor, ycor, 20, 20)
```

　まずボールの動きを決めるためにxvel = 1とyvel = 2を設定します。値は自由に設定できるので、変更するとどうなるのか確認してみるとよいでしょう。そしてdraw()関数内でxvelとyvelがグローバル変数であることを示し、これらの値をインクリメントしてxおよびy座標を変化させます。たとえばxcor += xvelと設定すると、速度に応じて位置を変えることができます。

　2つのif文ではボールが画面の端を越えたかどうかを判定して、越えていた場合には速度を正負反転させています。速度を負にすると、これまで移動していた方向とは反対の方向に移動させることができるので、ボールが壁で跳ね返るような動きをさせられます。

　ボールが座標上のどこで反対方向に進むようになるのかを決める必要があります。たとえばxcor > widthとすると、xcorが表示ウィンドウの幅を超えた、つまりボールがウィンドウの右端を越えた状態を表せます。またxcor < 0とすると、xcorが0未満になった、あるいはウィンドウの左端にボールが到達した状態を表せます。同じように、ycor > heightでycorがウィンドウの高さより大きいかどうか、あるいはボールがウィンドウの下端を越えたかどうかを判定できます。ycor < 0でボールがウィンドウの上端を越えたかどうか判定できます。右に動くのはx軸速度が正の場合で、左に動く場合はx軸速度が負の場合です。既に速度が負だった場合、マイナスかけるマイナスでプラスになるので、ボールが右に動くようになり、期待通りの動作になります。

　例9-5のコードを実行すると**図9-3**のようになります。

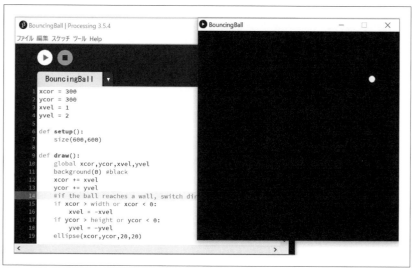

図9-3　跳ね回る1つのボール！

ボールは壁で跳ね返ったように見え、画面内に表示され続けます。

9.1.3　クラスを使わずに複数のボールを作る

　続いて、ボールをもう何個か追加してみましょう。どうするのがいいでしょうか？ 2つ目のボールの*x*座標を表す変数と、*y*座標を表す変数と、*x*軸速度を表す変数と、*y*軸速度を表す変数を足せばよさそうです。そして速度に応じて位置を変更させて、ボールが跳ね返るかどうかを判定して、最後にボールを画面に描きます。結局同じコードを2回書くことになります！ ボールが3つになれば3回です。ボール20個にもなれば、もうすべての変数を把握しきれなくなるに違いありません。たとえば**例9-6**のようなコードになるでしょう。

例9-6　クラスを使わずに複数のボールを作る。コードが多すぎる！

```
# ball1:
ball1x = random(width)
ball1y = random(height)
ball1xvel = random(-2, 2)
ball1tvel = random(-2, 2)
```

```
# ball2:
ball2x = random(width)
ball2y = random(height)
ball2xvel = random(-2, 2)
ball2tvel = random(-2, 2)

# ball3:
ball3x = random(width)
ball3y = random(height)
ball3xvel = random(-2, 2)
ball3tvel = random(-2, 2)

# ball1を更新:
ball1x += ball1xvel
ball1y += ball1yvel
ellipse(ball1x, ball1y, 20, 20)

# ball2を更新:
ball2x += ball2xvel
ball2y += ball2yvel
ellipse(ball2x, ball2y, 20, 20)

# ball3を更新:
ball3x += ball3xvel
ball3y += ball3yvel
ellipse(ball3x, ball3y, 20, 20)
```

　これでもまだ3つのボールしか作っていませんが、跳ね返りの処理もまだ書いていない状態でもこれだけ長いコードになっています！ クラスを使うとどれだけ簡単になるか見てみましょう。

9.1.4　クラスを使ってオブジェクトを作る

　プログラミングにおけるクラスとは、特定の性質をもった物体（オブジェクト）を作るための手順が書かれた設計図（レシピ）のようなものです。クラスを使うと、Python上でのボールの作り方を1回用意するだけで済むようになります。そしてforループでリストに追加していけば多数のボールを作れるようになります。リストは非常に優秀で、文字や数、オブジェクトなどいろいろなものを格納できます！

クラスを使ってオブジェクトを作るには、以下の手順のようにします。

1. **クラスを作る。**

   これはボールや惑星、ロケットなどの設計図のようなものです。

2. **オブジェクトのインスタンスを作る。**

   この処理はsetup()関数内で実行します。

3. **オブジェクトを更新する。**

   この処理はdraw()関数内（表示ループ）で実行します。

ではこれまでのコードを変更して、クラスを使うようにしてみましょう。

9.1.4.1　クラスを作る

　クラスを使ったオブジェクトを作るための最初の手順は、ボールの作り方を表すクラスを作成することです。例9-7のコードを既存のコードの先頭に追加します。

例9-7　Ball という名前のクラスを定義する　　　　　　　　　　**BouncingBall.pyde**

```
ballList = []   # ボールを入れておくための空のリスト

class Ball:
    def __init__(self, x, y):
        """ボールの初期化手順"""
        self.xcor = x
        self.ycor = y
        self.xvel = random(-2, 2)
        self.yvel = random(-2, 2)
```

　ボールの座標や速度はBallクラスのプロパティとして定義できるので、以下のコードは削除しておきます。

```
xcor = 300
ycor = 300
xvel = 1
yvel = 2
```

　例9-7では、ボールを入れておくための空のリストを用意してから、レシピの定義を始めています。クラスオブジェクトの名前（今回であればBall）は、常に先頭を大文字

にします。__init__はPythonでクラスを作る場合に定義できる特別なメソッドで、オブジェクトが初期化された際に、オブジェクトの持つプロパティを定義できます。このメソッドがなかった場合、クラスは正しく動きません。

self構文はオブジェクトがそれぞれ独自のメソッドやプロパティを持っていることを表すものです。メソッドやプロパティとは、たとえばBallオブジェクト以外からは使えないような関数あるいは変数のことです。つまりBallはそれぞれが固有のxcorやycorなどを持っているということです。Ballが特定の時間に特定の位置にあるようにしたいので、__init__メソッドにxとyの引数を追加しています。これらの引数を追加すると、たとえば以下のようにしてBallの初期位置を設定できるようになります。

```
Ball(100, 200)
```

この場合、ボールは(100, 200)の座標に置かれています。

例9-7の最後あたりでは、xとy座標の値を -2から2の間のランダムな値にしています。

9.1.4.2 オブジェクトのインスタンスを作る

ここまででBallという名前のクラスを作ることができたので、次はProcessingのdraw()関数ループで毎回描画できるようにする必要があります。そのため、__init__と同じように、Ballクラスにupdateメソッドを追加します。コード自体は**例9-8**の通り、ボールのコードをコピーペーストして、オブジェクトのプロパティの部分それぞれにself.を追加するだけです。

例9-8 update() メソッドを作る　　　　　　　　　**BouncingBall.pyde**

```
ballList = []   # ボールを入れておくための空のリスト

class Ball:
    def __init__(self, x, y):
        """ボールの初期化手順"""
        self.xcor = x
        self.ycor = y
        self.xvel = random(-2, 2)
        self.yvel = random(-2, 2)
```

```
def update(self):
    self.xcor += self.xvel
    self.ycor += self.yvel
    # ボールが壁にぶつかったら向きを変える
    if self.xcor > width or self.xcor < 0:
        self.xvel = -self.xvel
    if self.ycor > height or self.ycor < 0:
        self.yvel = -self.yvel
    ellipse(self.xcor, self.ycor, 20, 20)
```

　ボールが移動したり跳ね返ったりする処理をすべてBallのupdate()メソッドに入れています。コードとして新しいものは、速度に関する変数をselfで設定しているところで、それによってBallオブジェクトのプロパティとなるようにしています。見た目上はselfのインスタンスが多数あるように見えるかもしれませんが、Pythonではこのように記述することにより、たとえば*x*座標などの値が特定のBallのインスタンスだけに結びつくようにできます。この後すぐに、Pythonを使って数百のボールを更新させることになるので、selfでそれぞれのボールの位置や速度を管理する必要があるわけです。

　これでボールを作って更新できるようになりました。ではsetup()を**例9-9**のように更新して、3つのボールを作り、それらをボールのリストに追加します。

例9-9　setup()関数で3つのボールを作る

```
def setup():
    size(600, 600)
    for i in range(3):
        ballList.append(Ball(random(width),
                             random(height)))
```

　ballListは**例9-7**で作った通りで、今回はBallの座標をランダムに設定しています。プログラムを実行して新しいボールが作られる（インスタンス化される）と、*x*座標としては0から画面の幅までの間にあるランダムな数字が、*y*座標としては0から画面の高さまでの間にあるランダムな数字が設定されます。そしてボールのリストに追加されます。for i in range(3)というループになっているので、プログラムを実行すると3つのボールがリストに追加されます。

9.1.4.3　オブジェクトを更新する

以下のように draw() を更新することで、ballList を走査して、リスト内にある
3つのボールをループのたびに更新する（つまり画面に描く）ことができるようになりま
す。

BouncingBall.pyde

```python
def draw():
    background(0)   # 黒
    for ball in ballList:
        ball.update()
```

背景色はまだ黒のままにした状態でボールのリストを走査して、それぞれのボールに
対して update() を呼んでいます。以前の draw() メソッドにあったコードはすべて
Ball クラスの方に移動しています！

スケッチを実行すると、3つのボールが画面中を動き回って、外周で跳ね返る様
子が表示されます。クラスを使うと、ボールの個数をとても簡単に増減できるとい
う利点が得られます。setup() 関数内の for i in range(*number*): にある
number を変えるだけで、もっと多くのボールを画面に出せるようになります。たとえ
ば20にすると**図9-4**のようになります。

図9-4　跳ね回るボールをいくつも作り出せる！

　クラスの利点は、オブジェクトにプロパティやメソッドを自由に足すことができることにあります。たとえばボールの色を同じにしておく必要はないので、先ほど作成したBallクラスのコードに以下の3行を追加します。

例9-10　Ballクラスを更新　　　　　　　　　　　　　　　　　　　　**BouncingBall.pyde**

```
class Ball:
    def __init__(self, x, y):
        """ボールの初期化手順"""
        self.xcor = x
        self.ycor = y
        self.xvel = random(-2, 2)
        self.yvel = random(-2, 2)
        self.col = color(random(255),
                         random(255),
                         random(255))
```

　このコードを追加すると、ボールが作られたときに色が個別に設定されるようになります。Processingのcolor()関数には赤、緑、青を表す3つの数を指定する必要があります。RGB値は0から255までが有効で、random(255)とするとプログラムにランダムな数を選ばせることができるので、ボールの色をランダムにできます。ただし__init__メソッドはボールが作られる際に1回しか実行されないので、一度設定されるとその後は変化しません。

　次に、update()メソッドの中に以下のコードを追加して、ランダムに選ばれた色を使って円を描くようにします。

```
        fill(self.col)
        ellipse(self.xcor, self.ycor, 20, 20)
```

　線や円を描く前に、fill()を呼び出して色を宣言しておいてからstroke()を呼び出すようにします。ここではボール自身（self）に設定された色を使って円の色を設定しています。

　プログラムを実行すると、**図9-5**のようにそれぞれのボールがランダムな色で表示されます！

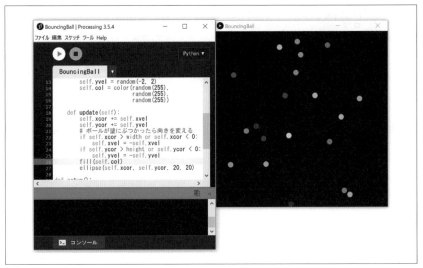

図9-5 ボールにそれぞれ色を付ける

課題**9-1** 大きさの違うボールを作る

ボールの大きさが5から50の範囲でランダムになるようにしなさい。

9.2 食事する羊のプログラム

　クラスを作ることができるようになったので、もう少し違うことをしてみましょう。牧草を食べるために動き回る羊をシミュレーションするプログラムをProcessingのスケッチ上で作ります。このスケッチの羊は特定の体力を持っていて、歩くと体力が減り、牧草を食べると体力が増えます。そして体力が十分あれば繁殖して、体力がなくなると倒れてしまいます。このモデルを作成して改良していくうちに、生物学や生態学、進化に関するいろいろなことを習得できます。

　このプログラムでは、この章で先ほど作成したBallオブジェクトと同じような内容でSheepオブジェクトを用意します。それぞれはx, y座標と大きさを持ち、画面上では円で表示されます。

9.2.1　羊を表すクラスを作成する

Processingで新しいスケッチを開いて、SheepAndGrassという名前で保存します。まず、*x, y*座標と大きさを持ったSheepクラスから作り始めましょう。そしてupdateメソッドを追加して、羊の大きさと位置を表す円を表示させるようにします。

クラスのコードは**例9-11**のように、ほとんどBallクラスと変わりません。

例9-11　1匹の羊を表すクラスを作成する　　　　　　　　　　　　**SheepAndGrass.pyde**

```python
class Sheep:
    def __init__(self, x, y):
        self.x = x    # x座標
        self.y = y    # y座標
        self.sz = 10  # 大きさ

    def update(self):
        ellipse(self.x, self.y, self.sz, self.sz)
```

たくさんの羊を作る予定になっているので、まずSheepクラスを作るところから始めます。クラスに必須の__init__メソッド中では、羊のインスタンスを作るときに引数として受け取った値を使って、*x, y*座標を設定します。羊の大きさ（円の直径）は10に固定していますが、違うサイズにしてもかまいません。update()メソッドでは単に羊の位置と大きさで円を描いているだけです。

以下のsetup()およびdraw()コードでは、1匹のSheepにshawnという名前を付けて表示しています。**例9-12**のコードを先ほどの**例9-11**で作成したupdate()メソッドの下に追加します。

例9-12　shawnという名前のSheepオブジェクト

```python
def setup():
    global shawn
    size(600, 600)
    # shawnという名前の1匹のSheepオブジェクトを位置(300, 200)に作成
    shawn = Sheep(300, 200)

def draw():
    background(255)
    shawn.update()
```

まずSheepオブジェクトのインスタンスを1つshawnという名前で作成します。そしてdraw()関数内で更新します。ただしPythonではshawnをグローバル変数として宣言しなければ、それがsetup()関数で作成したものと同じだとは認識されないことに注意してください。

コードを実行すると**図9-6**のように表示されます。

図9-6 羊が1匹

画面上には、左上を起点にして右に300ピクセル、下に200ピクセルの位置(300, 200)に小さな白い円が表示されます。

9.2.2 羊が動き回るようにプログラムする

次はSheepが動き回れるようにしていきましょう。まずはSheepがランダムに動くようにします(この動き方は後からいつでも変更できます)。**例9-13**では、Sheepのx, y座標を−10から10の範囲でランダムに変化させています。これまでに作成したupdate()のコードにあるellipse()の上に次のコードを追加します。

例9-13 羊がランダムに動き回るようにする　　　　　　　　**SheepAndGrass.pyde**

```
def update(self):
    # 羊がランダムに動き回るようにする
    move = 10   # 任意の方向に移動するときの最大距離
    self.x += random(-move, move)
```

```
    self.y += random(-move, move)
    fill(255)  # 白
    ellipse(self.x, self.y, self.sz, self.sz)
```

　このコードではmoveという名前の変数を用意して、羊が画面上を移動できる最大距離を設定しています。この変数の値を10に設定しているので、更新がかかるたびに-move(-10)とmove(10)の間にあるランダムな値で羊のx, y座標が変更されます。そしてfill(255)を呼ぶことで今のところは羊を白で表すようにしています。

　コードを実行すると羊があたりをうろついているように見えます。また、時には画面の外に出ることもあります。

　次は羊の群れを作ってみましょう。オブジェクトを複数作成して更新したい場合はリストを使うとよいでしょう。そして、draw()関数内でリストを走査して、それぞれのSheepオブジェクトを更新するようにします。変更後のコードは**例9-14**のようになります。

例9-14　forループを使って複数の羊を作る　　　　　　**SheepAndGrass.pyde**

```
class Sheep:
    def __init__(self, x, y):
        self.x = x     # x座標
        self.y = y     # y座標
        self.sz = 10   # 大きさ

    def update(self):
        # 羊がランダムに動き回るようにする
        move = 10   # 任意の方向に移動するときの最大距離
        self.x += random(-move, move)
        self.y += random(-move, move)
        fill(255)   # 白
        ellipse(self.x, self.y, self.sz, self.sz)

sheepList = []   # 羊を保持しておくためのリスト

def setup():
    size(600, 600)
    for i in range(3):
        sheepList.append(Sheep(random(width),
```

```
                    random(height)))

def draw():
    background(255)
    for sheep in sheepList:
        sheep.update()
```

このコードはリスト中のボールが跳ね回るようにしたものとよく似ています。まず羊のオブジェクトを追加するためのリストを用意します。そしてforループを使ってSheepオブジェクトをリストに追加します。draw()関数内では再びforループを使ってリストを走査し、それぞれのオブジェクトに定義しておいたupdate()メソッドを呼び出します。このコードを実行すると、3匹のSheepがランダムに歩き回る様子がわかります。for i in range(3):にある3を大きくすると、もっと多くの羊が表示されるようになります。

9.2.3 体力プロパティを作る

歩くと体力が減ります！ というわけで、羊に体力を設定できるようにして、歩くと体力が減るようにします。SheepAndGrass.pyde内の__init__とupdate()メソッドを例9-15のように変更します。

例9-15 __init__とupdate()でenergyプロパティを消費するように変更

```
class Sheep:
    def __init__(self, x, y):
        self.x = x        # x座標
        self.y = y        # y座標
        self.sz = 10      # 大きさ
        self.energy = 20  # 体力

    def update(self):
        # 羊がランダムに動き回るようにする
        move = 1
        self.energy -= 1  # 歩くと体力が減る
        if sheep.energy <= 0:
            sheepList.remove(self)
        self.x += random(-move, move)
        self.y += random(-move, move)
```

```
fill(255)  # 白
ellipse(self.x, self.y, self.sz, self.sz)
```

　ここでは__init__メソッド中でenergyプロパティを作り、羊の体力の初期値として20に設定しています。そしてupdate()メソッドではself.energy -= 1とすることで、移動のたびに体力が減るようにしています。

　また、体力がなくなったかどうかもチェックしていて、体力がなくなった場合にはsheepListからオブジェクト自身を削除しています。これは条件文if sheep.energy <= 0がTrueになるかどうかで判定できます。もしTrueの場合、sheepListのremove()関数を使ってオブジェクトを削除します。リストからSheepインスタンスが削除されると、以後はいなくなります。

9.2.4　牧草をクラスとして定義する

　プログラムを実行するとSheepがしばらく動き回って、その後に消えてしまうことがわかります。移動すると体力が減り、やがて力尽きるようにしたからです。そこで、羊が牧草を食べられるようにしないといけません。Grassという名前で定義しましょう。Grassクラスにはx, y座標と大きさ、そして体力の素を持たせます。また、食べ終わった牧草の色が変わるようにしましょう。

　実のところ、今回のスケッチでは羊や牧草に対してさまざまな色を設定することになるため、例9-16のようにしてプログラムの先頭で色を定義しておき、名前で呼び出せるようにしておきましょう。他の色も自由に追加できます。

例9-16　色を定数として設定

```
WHITE = color(255)
BROWN = color(102, 51, 0)
RED = color(255, 0, 0)
GREEN = color(0, 102, 0)
YELLOW = color(255, 255, 0)
PURPLE = color(102, 0, 204)
```

　変数名をすべて大文字とすることにより、これらが定数であって、変更されないことを表すようにしていますが、これはプログラマにとってそう見えるようにしただけです。定数に対する本質的なサポートはないため、実際にはこれらの値を変更できてしまいま

す。これらの定数を定義しておくと、毎回RGBの値を書かずとも名前を入力するだけで色を設定できるようになります。たとえば牧草の色を緑にするときにこれらの定数を使います。SheepAndGrass.pydeファイル内のSheepクラス直後に**例9-17**のコードを追加しましょう。

例9-17　Grassクラスを作成

```
class Grass:
    def __init__(self, x, y, sz):
        self.x = x
        self.y = y
        self.energy = 5      # この牧草を食べたときに得られる体力
        self.eaten = False   # まだ食べられていない状態
        self.sz = sz

    def update(self):
        fill(GREEN)
        rect(self.x, self.y, self.sz, self.sz)
```

そろそろクラス定義の構造にも慣れてきたのではないでしょうか。まず__init__メソッドを定義して、この中でクラスのプロパティを定義します。今回の場合、Grassにはx, y座標と体力レベル、牧草が食べられてしまった後かどうかを表すブール値（True/False）、そしてサイズを定義しています。Grassの更新処理では、牧草の位置に緑色の四角形を描きます。

これで羊と同じく、牧草の初期化と更新ができるようになりました。牧草も複数作ることになるので、牧草用のリストも用意します。setup()関数よりも前の位置に以下のコードを追加します。

```
sheepList = []  # 羊用のリスト
grassList = []  # 牧草用のリスト
patchSize = 10  # 牧草の1区画の大きさ
```

将来的には区画の大きさを変更したくなると思われるので、patchSizeという名前の変数を用意しておき、この値を変えるだけで済むようにします。setup()関数では羊を作成した後、**例9-18**のコードを追加して牧草を作成します。

例9-18　patchSize変数を使って Grass オブジェクトを変更

```
def setup():
    global patchSize
    size(600, 600)
    # 羊を作る
    for i in range(3):
        sheepList.append(Sheep(random(width),
                               random(height)))
    # 牧草を作る
    for x in range(0, width, patchSize):
    for y in range(0, height, patchSize):
    grassList.append(Grass(x, y, patchSize))
```

　この例ではglobal patchSizeとすることにより、あらゆる場所で同じ
patchSizeが使えるようにしています。そして2つのforループを使うことで、四角
形の領域にあるGrassオブジェクトを作成してリストに追加しています。

　その後、羊の場合と同じようにdraw()を変更して、すべての牧草が更新されるよ
うにします。最初に描いたものは後から描いたもので上書きされるので、**例9-19**のよ
うにdraw()では最初に牧草が描かれるようにします。

例9-19　羊の前に牧草を描くよう変更　　　　　　　　　　　　　　　**SheepAndGrass.pyde**

```
def draw():
    background(255)
    # 先に牧草を更新
    for grass in grassList:
        grass.update()
    # 続いて羊を更新
    for sheep in sheepList:
        sheep.update()
```

　コードを実行すると**図9-7**のような緑の四角形が網目状に表示されます。

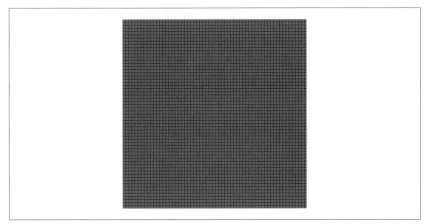

図9-7　グリッド線で区切られた牧草

　牧草が続いているように見せるために、黒い線を削除しましょう。setup()関数で noStroke()を呼ぶことにより、緑の四角の枠線を消すことができます。

```
def setup():
    global patchSize
    size(600, 600)
    noStroke()
```

これで牧草の準備ができました！

9.2.5　食べ終わった牧草を茶色にする

　羊が牧草を食べたときに、羊が牧草から体力を得て、食べ終わった牧草を茶色で表示できるようにするにはどうしたらいいでしょうか？ Grassのupdate()メソッドに以下のコードを追加しましょう。

```
def update(self):
    if self.eaten:
        fill(BROWN)
    else:
        fill(GREEN)
    rect(self.x, self.y, self.sz, self.sz)
```

このコードでは、牧草が「食べられた」時には茶色の四角形を書くようにしています。

食べられていなければ牧草は緑です。羊が牧草を「食べた」時の処理方法は1つではありません。1つの方法としては、特定の位置にいる羊に対して、sheepListを走査して同じ位置にある牧草の有無をチェックする方法です。しかしこれは羊の数と牧草の数を掛け合わせた回数だけチェックが必要です。その回数はかなりなものになるでしょう。別の方法として、牧草はgrassListリスト内にあるので、羊が移動する度に移動先の牧草の状態を（もしまだ食べられていなければ）「食べられた」状態にして、牧草から体力を奪うようにすることもできます。この方法であればチェックの回数も抑えられます。

　問題は、羊のx, y座標が必ずしもgrassListリスト内の牧草の位置と一致しないというところにあります。たとえばpatchSizeが10で羊が(92, 35)の位置だとすると、牧草は（「最初」の区画がx=0からx=9までなので）右に9区画、下に4区画の位置にあることになります。したがって、「スケールされた」x, y座標をpatchSizeで割って求めることになります（今回であれば(9, 3)）。

　ただしgrassListには行や列がありません。単にx座標が9、つまり（0始まりなので）10行目だということがわかっているだけなので、60（高さをpatchSizeで割った値）を9行分足して、そこからさらにy座標を足したインデックスが現在位置ということになります。したがって、1行にいくつの牧草区画が含まれるのかを表す変数が必要になるので、これをrows_of_grassとします。setup()関数の先頭にglobal rows_of_grassを追加した後、ウィンドウのサイズを設定した後に次の行を追加します。

```
rows_of_grass = height / patchSize
```

　この式では表示ウィンドウの高さを牧草区画のサイズで割って、1行中に含まれる列の個数を計算しています。Sheepクラスには例9-20のコードを追加します。

例9-20　羊の体力を更新して、牧草を茶色にする　　　　　　　**SheepAndGrass.pyde**

```
    self.x += random(-move, move)
    self.y += random(-move, move)
    # Asteroids式の「丸め」
❶   if self.x > width:
        self.x %= width
    if self.y > height:
        self.y %= height
    if self.x < 0:
```

```
        self.x += width
    if self.y < 0:
        self.y += height
    # grassListの中から牧草区画を見つける
❷  xscl = int(self.x / patchSize)
    yscl = int(self.y / patchSize)
❸  grass = grassList[xscl * rows_of_grass + yscl]
    if not grass.eaten:
        self.energy += grass.energy
        grass.eaten = True
```

　羊の位置を更新した後、羊が画面外に出てしまわないよう座標を「丸めて」❶、ゲーム「Asteroids」のように画面の反対側から表示されるようにしています。また、どの牧草区画に羊がいるのかをpatchSizeに応じて計算しています❷。そしてx, y座標をインデックスに変換して区画をgrassListから探しています❸。以上で羊の位置と牧草の区画の対応がとれるようになったので、区画にある牧草がまだ食べられていなければ、羊が牧草を食べるようになりました！牧草から体力を奪った後、牧草のeatenプロパティをTrueにしています。

　このコードを実行すると、羊が周囲を駆け回って牧草を食べ、牧草の色が茶色に変化していく様子がわかります。moveの値をたとえば5などに小さくすると羊の動きを遅くできます。また、patchSize変数を変更するだけで、区画のサイズを変更できます。いろいろな値を試してみてください。

　これでもっと多くのSheepが作れるようになりました。for i in rangeの行にある数を20に変更してみましょう。

```
# 羊を作る
for i in range(20):
    sheepList.append(Sheep(random(width),
                           random(height)))
```

　このコードを実行すると**図9-8**のようになります。

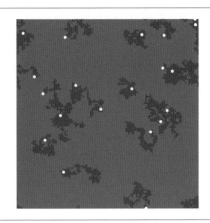

図9-8　羊の群れ！

20匹の羊があちこち歩き回り、牧草を食べて茶色に変えている様子がわかります。

9.2.6　羊の色をランダムにする

次は羊が「生まれた」時に色がつくようにしましょう。これまでに追加しておいた色を定義する定数の後に、さらにいくつかの色とリストの定義を追加します。

```
YELLOW = color(255, 255, 0)
PURPLE = color(102, 0, 204)
colorList = [WHITE, RED, YELLOW, PURPLE]
```

そして以下のコードをSheepクラスに追加して、違う色になるようにします。colorはProcessingで既に予約語になっているため、**例9-21**ではcolとしています。

例9-21　Sheepクラスに色を表すプロパティを追加

```
class Sheep:
    def __init__(self, x, y, col):
        self.x = x      # x座標
        self.y = y      # y座標
        self.sz = 10   # 大きさ
        self.energy = 20
        self.col = col
```

そしてupdate()メソッドにあるfill関数を呼び出すコードを以下のように変更し

ます。

```
fill(self.col)   # 独自の色を使用
ellipse(self.x, self.y, self.sz, self.sz)
```

四角形が描かれる前に fill(self.col) を呼び出しておくと、Sheepに設定され
たランダムな色で四角形を描くことができます。

setup()関数で Sheepのインスタンスをすべて作成した後に、ランダムな色をそれ
ぞれに設定します。そのため、ファイルの先頭に以下のコードを追加して、randomモ
ジュールの choice()関数をインポートします。

```
from random import choice
```

Pythonの choice()関数を使うと、リストの中からランダムに1つの要素を選ぶこ
とができます。具体的には以下のようにします。

```
choice(colorList)
```

このようにするとリストの中から1つの要素が返されます。最後に Sheepを変更し
て、コンストラクタの引数に渡された色のリストの中からランダムに自分の色を選ぶよ
うにします。

```
def setup():
    size(600, 600)
    noStroke()
    # 羊を作る
    for i in range(20):
        sheepList.append(Sheep(random(width),
                               random(height),
                               choice(colorList)))
```

コードを実行してみると、**図9-9**のようにランダムな色の羊が画面上を動き回る様子
がわかります。

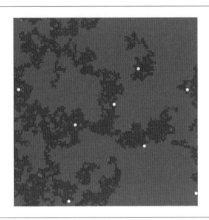

図9-9 さまざまな色をした羊

新しく生まれる羊はcolorListで定義された白、赤、黄、紫いずれかの色になっています。

9.2.7 羊が繁殖するようにする

残念なことに、今のプログラムは羊が生まれてただ牧草を食べ回り、あたりに牧草がなくなると体力が減り、やがて朽ち果てるだけのものです。そこで、羊がいくらかの体力を使えば繁殖できるようにしましょう。

まず**例9-22**のようにして、体力レベルが50以上になった羊を判定するようにします。

例9-22 羊が繁殖するように条件を追加

```
if self.energy <= 0:
    sheepList.remove(self)
if self.energy >= 50:
    self.energy -= 30   # 生命の誕生には体力が必要
    # リストに新しい羊を追加
    sheepList.append(Sheep(self.x, self.y, self.col))
```

条件式if self.energy >= 50:では羊の体力が50以上かどうかを判定しています。この条件を満たす場合、体力を30減らした後、新しく生まれた羊をリストに追加します。なお新しく生まれた羊は親と同じ位置と色になることに注意してください。このコードを実行すると、**図9-10**のように羊たちが繁殖する様子がわかります。

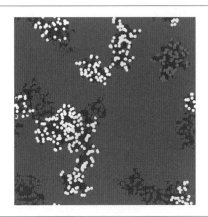

図9-10　食事や繁殖をする羊

同じ色をした羊の群れが活動する様子が確認できるでしょう。

9.2.8　牧草が生え替わるようにする

残念なことに、このままでは羊が周囲の牧草を食べ尽くして、そのまま絶滅してしまいます。そこで牧草が生え替わるようにしましょう。Grassクラスのupdate()メソッドを次のように書き換えます。

```
def update(self):
    if self.eaten:
        if random(100) < 5:
            self.eaten = False
        else:
            fill(BROWN)
    else:
        fill(GREEN)
    rect(self.x, self.y, self.sz, self.sz)
```

Processingのコードrandom(100)では、0から100までの範囲にあるランダムな数を1つ選ぶことができます。この数が5よりも小さかった場合、eatenプロパティをFalseにして牧草が生え替わるようにします。今回は牧草が食べられていた場合、フレームの更新のたびに5/100の確率で生え替わるようにしたわけです。もし5を越える数が選ばれた場合は食べられたままにします。

コードを実行すると**図9-11**のようになります。

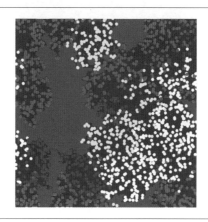

図9-11　牧草が生え替わるようになり、画面が羊で埋め尽くされている！

　羊の数が多くなりすぎて、プログラムがだんだんと遅くなってきた頃だと思います！これはおそらく、羊が体力を多く持ちすぎていることが原因です。そこで牧草を食べることで回復できる体力を5から2に変更してみてください。

```
class Grass:
    def __init__(self, x, y, sz):
        self.x = x
        self.y = y
        self.energy = 2      # この牧草を食べたときに得られる体力
        self.eaten = False   # まだ食べられていない状態
        self.sz = sz
```

　こうすると羊の繁殖速度とのバランスがちょうどいいくらいに釣り合うようになります。いろいろな値を是非試してみてください。これはあなたの生み出した世界なのですから！

9.2.9　進化的な優勢を付ける

　一部の羊の群れに優勢を付けてみましょう。あらゆる性質（牧草からより多くの体力を得られる、繁殖時に多くの個体を生み出せる、等）を思うままに設定できます。ここでは例として、紫色の個体は他の個体よりも速く移動できるようにしましょう。何か違

いが出るでしょうか？ それを確認するために、Sheepのupdate()メソッドを次のように変更します。

```
def update(self):
    # 羊がランダムに動き回るようにする
    move = 5   # 任意の方向に移動するときの最大距離
    if self.col == PURPLE:
        move = 7
    self.energy -= 1
```

この条件文ではSheepの色が紫かどうかを判定しています。紫の羊の場合、moveの値を7にしています。その他の羊は5のままです。こうすると紫の羊は他の羊よりも速く移動するようになり、緑の牧草を他の羊よりも速く見つけ出せるようになります。コードを実行して結果を確認してみると、**図9-12**のようになることがわかります。

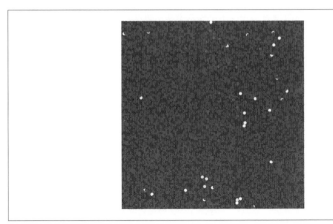

図9-12　紫の羊に優勢を付けた状態

実行してからしばらくすると、わずかな違いが紫色の羊にいい影響を与えたことがわかります。牧草の奪い合いに勝てるようになっただけで、他のすべての色の羊を駆逐してしまいました。このシミュレーションから、生態系や外来種、生物多様性、進化といったテーマについて、白熱した議論を交わすこともできるでしょう。

課題**9-2**　羊の生存期間を設定する

プロパティ age を追加して、更新のたびに値を減らしていくことにより、羊が特定の期間しか生存できないようにしてみなさい。

課題**9-3**　羊の大きさを変更する

羊の体力レベルに従って、羊の大きさを変更しなさい。

9.3　まとめ

　この章ではクラスを使ってオブジェクトを作る方法を説明しました。クラスにはプロパティを定義できます。また、クラスをインスタンス化（あるいは「生成」）してオブジェクトを更新することもできます。クラスを使うことによって、同じようなプロパティを持った「似ているけれども別の」オブジェクトを効率的に生み出すことができます。クラスを活用すれば、すべての処理を毎回コードとして記述せずとも跳んだりはねたり歩いたりするようなオブジェクトを作ることができます！

　クラスの使い方がわかれば、コーディング技術を飛躍的に向上させられます。複雑な状態を簡単にモデル化できるので、粒子や惑星、羊を1つプログラミングするだけでそれらを簡単に何千何万も生み出すことができるのです！

　また、ほんのわずかな方程式を使うだけで、物理学的、生物学的、化学的、自然環境的な状況をモデル化できるという感触が得られたことと思います。かつて筆者はとある物理学者から、問題を一番効率的に解決するには多くの因子、あるいは「エージェント」が必要だと言われたことがあります。コンピュータを使えば、モデルを作って実行すれば結果がわかるのです。

　次の章では再帰という、まるで魔法のようなものを使ってフラクタルを作ります。

10章
再帰を使って
フラクタルを作る

シソーラス（類語辞典：thesaurus）の類語は何？
—スティーブン・ライト（Steven Wright）

　フラクタルは見た目のいい複雑な図形で、図形の一部を見ると図形全体と同じような形になっています（**図10-1**）。この図形は1980年代にブノワ・マンデルブロ（Benoit Mandelbrot）が当時最先端のIBMコンピュータ上で複雑な関数を可視化している際に生み出されたものです。

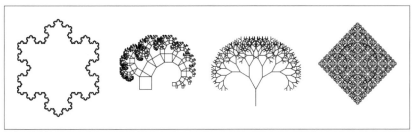

図10-1　フラクタルの例

　フラクタルは幾何学で見るような四角形、三角形、円などの標準的な図形とはまったく異なります。折れ曲がったりギザギザしているだけでなく、自然現象を見事にモデル化していたりもします。実のところ、科学者はフラクタルを使って心臓の動脈や地震、脳内ニューロンなどをモデル化しています。

　フラクタルの興味深いところとしては、単純な規則を繰り返して、図形パターンを小さな部分に繰り返していくだけで驚くほど複雑な図形を生むことができるという点です。

　この章では、フラクタルを使って興味深く複雑な図形を描くということに焦点を置き

ます。以前はどの数学の教科書にもフラクタルの絵が載っていましたが、フラクタルの
作り方は載っていませんでした。フラクタルを作るにはコンピュータが必要なのです。
本章ではPythonを使ってフラクタルを作る方法を説明します。

10.1　海岸線の長さ

　フラクタルを作り始める前に、フラクタルが役立つ具体例を紹介しましょう。数学者
ルイス・リチャードソン（Lewis Richardson）は言葉にすると簡単な質問を思いつきま
した。「イギリスの海岸線はどのくらいの長さだろうか？」**図10-2**を見るとわかるように、
定規の長さを変えることでその答えも変わります。

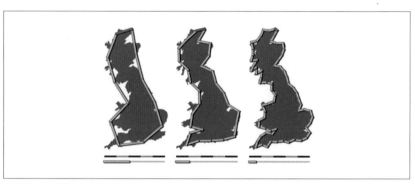

図10-2　海岸線のおおよその長さ

　定規を短くすればするほど、海岸線の凹凸をより正確に計算できます。つまり、より
長い距離として計測できます。ここで興味深いのは、「定規の長さを限りなく0に近づ
けると、海岸線の長さは無限大に近づく」ということです！これは海岸線のパラドック
スとして知られています。

　この方法は抽象数学におけるヌードリングのようです[*1]。海岸線の測量は実世界上で
もかなり大雑把なことがあります。現代の技術をもってしても、測量機器次第でその長
さが異なります。ここでは**図10-3**にあるようなコッホ曲線を描くことにより、フラクタ
ルであれば海岸線を必要に応じて厳密に測量できることを説明します。

[*1]　訳注：ヌードリングは素手で魚を捕らえる漁法のこと。

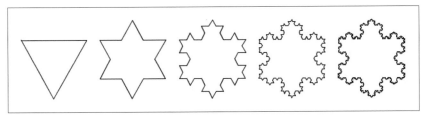

図10-3 徐々に複雑になる海岸線を、徐々に複雑になるフラクタルでモデル化

その前にまず再帰など、いくつかのテクニックを習得する必要があります。

10.1.1 再帰とは？

フラクタルの強みは、とても細かいところまで何度でも同じパターンの図形を繰り返すことができることにあります。このような、同じ処理を繰り返すコードは**再帰**（recursion）と呼ばれていて、何かを定義する際に自身を使って定義することを指します。再帰に関するジョークもいくつかあります。

- Googleで「再帰」を検索すると「もしかして：再帰」と提案されます。
- コンピュータ関連の書籍にある索引で、「再帰：項目「再帰」を参照」と書かれているものがあります。

想像がつく通り、再帰は少し奇妙な概念です。再帰の素晴らしいところは、別の手段では非常に複雑になりうるコードを小さくまとめられるというところで、一方ではメモリ使用量が多くなりがちだという欠点もあります。

10.1.2 factorial()関数を作る

では階乗を計算する関数を例にして再帰を実際に見てみましょう。nの**階乗**（factorial：$n!$と表記）は、1からnまでを掛けた数として定義されます。たとえば$5! = 1 \times 2 \times 3 \times 4 \times 5 = 120$です。

計算式は$n! = 1 \times 2 \times 3 \ldots \times (n - 2) \times (n - 1) \times n$という形式です。この式はたとえば$5! = 5 \times 4!$や$4! = 4 \times 3!$として計算できるので、まさに再帰の例になっています。再帰は数学でも重要な概念です。数学には常にパターンがあり、再帰を利用することによりパターンを無限に拡張して繰り返すことができます！

nの階乗は、$n - 1$の階乗にnを掛けた値として定義できます（普通、nは1以上の自

然数か、正の整数です）。したがって0の階乗（この値は0ではなく1です）と1の階乗を定義しておけば、後は再帰を使うだけで任意の数の階乗が定義できます。IDLEで新しいファイルをオープンしてfactorial.pyという名前で保存した後、**例10-1**のコードを入力します。

例10-1　factorial()関数を再帰ステートメントで定義　　　　　　　**factorial.py**

```python
def factorial(n):
    if n == 0:
        return 1
    else:
        return n * factorial(n - 1)
```

ここではまず「ユーザー（あるいはプログラム）が0を入力した場合は1を返す」ようにしています。そして「1以上のnが入力された場合には、1からn未満までの階乗にnを掛けた値を返す」ようにしています。

例10-1の最終行を見ると、`factorial()`の**内側**で`factorial()`自身を呼び出しています！　これはまるで1斤のパンを焼くためのレシピの中で、「パンを1斤焼きます」と書かれているようなものです。普通の人はそんなレシピを参考にしないことでしょう。しかしコンピュータであれば手順の通りに処理をすべて続けていくことができるのです。

今回の場合、たとえば5の階乗を計算するとプログラムの処理が進み、最終行まで到達すると$n-1$の階乗が必要になります。つまり（$n=5$なので）4の階乗の計算が必要です。`factorial(5 - 1)`を計算するために、再度`factorial()`関数が$n=4$として呼び出され、4の階乗のために3の階乗、2の階乗、1の階乗と続き、最終的に0の階乗が計算されます。0の階乗は1と定義してあるので、今度は1の階乗、2の階乗、3の階乗、4の階乗と戻り、最終的に5の階乗が計算されるというわけです。

関数を再帰的に定義する（関数の中で自分自身を呼び出す）とややこしく感じるかもしれませんが、これが本章で説明するフラクタルのキーポイントになります。まずは古典的なフラクタルツリーから始めましょう。

10.1.3　フラクタルツリーを作る

単純な関数を定義して、関数の中で自身を呼ぶことでフラクタルを作ることにしま

しょう。まずは**図10-4**のようなフラクタルツリーを作ります。

図10-4 フラクタルツリー

　もしこの図を描くコードを1行ずつ書いたとしたら、途方もなく複雑なものになるでしょう。しかし再帰を使えば、驚くほど簡単に作ることができます。移動と回転、line()関数を使って、まずは**図10-5**のようなYの文字をProcessing上で描きます。

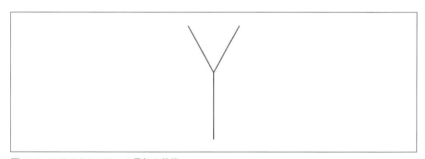

図10-5 フラクタルツリーの最初の状態

　このYをフラクタルにするために必要なことは、Yのツリーを書き終わった後、それぞれの「幹 (trunk)」の端で関数が返るようにすることだけです。Y自身が「枝 (branch)」そのものになるからです。Yの端で返らなければ木にならないのです。

10.1.3.1　y()関数を作る

　Yが完全に左右対称になる必要はありませんが、ここでは以下のようなコードにします。Processingで新しいスケッチをオープンしてfractalsという名前で保存した後、**例10-2**のコードを入力します。

例**10-2** フラクタルツリーを描く関数y()を作る　　　　　　　　　　**fractals.pyde**

```
def setup():
    size(600, 600)

def draw():
    background(255)
    translate(300, 500)
    y(100)

def y(sz):
    line(0, 0, 0, -sz)
    translate(0, -sz)
    rotate(radians(30))
    line(0, 0, 0, -0.8 * sz)   # 右の枝
    rotate(radians(-60))
    line(0, 0, 0, -0.8 * sz)   # 左の枝
    rotate(radians(30))
    translate(0, sz)
```

　これまでと同じように、setup()関数でディスプレイウィンドウのサイズを指定しておき、draw()関数で背景色（255は白）を設定し、描画を始める位置へ移動します。そして最後にフラクタルツリーの「枝」のサイズを100としてy()を呼び出します。

　y()関数は枝の長さを引数szとします。この値を基準として、すべての枝の長さが決まります。y()関数では、まず幹となる縦線を描きます。右側に伸びる枝を描くには、上方向（y軸の負の方向）に直線を描いた後、30度右に回転させます。続いて、マイナス方向に60度回転させて直線を描くことで、左側に伸びる枝を描きます。最後に、次の幹を描くための準備として、最初と同じ方向を向くようにしておきます。スケッチを保存して実行すると、**図10-5**のようなYが表示されます。

　この1つのYを描くプログラムを更新して、少し小さなYを枝に作るフラクタルを描くようにします。ただし単にy()関数内で「線」の代わりに「Y」を描くようにしてしまうとプログラムが無限ループになってしまい、次のようなエラーが発生してしまいます。

```
RuntimeError: maximum recursion depth exceeded *1
```

＊1　訳注：「再帰の最大深度を超えました」という意味です。

factorial関数内では factorial(n) ではなくて、factorial(n - 1) として
呼び出していた点に注意してください。そこで、y() 関数に level 引数を追加する必
要があります。そして幹を進んでいくたびに引数を level - 1とすることでこのレベ
ルを下げていきます。つまり元の幹が一番高いレベルで、フラクタルツリーの終端まで
いくと常に0になります。**例10-3**にあるように、y() をこのような振る舞いになるよう
変更します。

例10-3　y()関数を再帰するように変更　　　　　　　　　　　　　　**fractals.pyde**

```
def setup():
    size(600, 600)

def draw():
    background(255)
    translate(300, 500)
    y(100, 2)

def y(sz, level):
    if level > 0:
        line(0, 0, 0, -sz)
        translate(0, -sz)
        rotate(radians(30))
        y(0.8 * sz, level - 1)
        rotate(radians(-2 * angle))
        y(0.8 * sz, level - 1)
        rotate(radians(30))
        translate(0, sz)
```

　y() 関数にあった、枝を描くための line() 関数を y() 関数に置き換えているとこ
ろに注目してください。また、draw() 関数内の y() 関数の呼び方も y(100, 2) に変
更しているので、幹の長さ100で2レベルまでのツリーが表示されます。3レベル、4レ
ベルなどのツリーになるよう試してみてください！ そうすると**図10-6**のように表示され
ます。

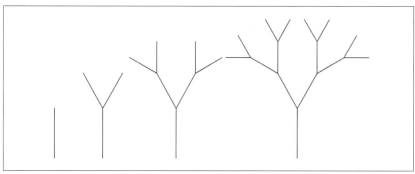

図10-6　1レベルから4レベルまでのツリー

10.1.3.2　マウスを反映させる

　次はマウスを上下させることでフラクタルの形状をリアルタイムに制御できるように
しましょう！ マウスの位置を追跡して、位置によってツリーの深さレベルを0から10ま
でに変化させます。**例10-4**のようにdraw()を更新しましょう。

例10-4　draw()関数にlevel変数を追加　　　　　　　　　　　　　　　**fractals.pyde**

```
def draw():
    background(255)
    translate(300, 500)
    level = int(map(mouseX, 0, width, 0, 10))
    y(100, level)
```

　マウスの*x*座標の値は0からウィンドウの幅までの値になります。map()関数はある
範囲の値を別の範囲の値に置き換えます。**例10-4**では、map()関数を使うことでマウ
スの*x*座標に対応した（ディスプレイウィンドウの幅と同じ）0から600までの値を0か
ら10までの値に変化させています。そしてmap()関数の返り値をlevel変数に割り当
てた後、次の行でy()の引数にしています。

　次はマウスの*y*座標に連動して、枝を回転させる角度を変化させることでツリーの形
を変えられるようdraw()関数を変更しましょう。

　枝の回転角は180度で完全に「折りたたまれた」状態になるので180が上限になりま
すが、マウスの*y*座標はsetup()で設定したウィンドウの高さ600が上限です。これ
らの値を対応付けるには数学の知識が少し必要ですが、Processingにはmap()関数が

用意されているので簡単です。map()関数には元にしたい変数を1番目の引数に指定
した後、現在の最小値と最大値を続けて、その後に期待される最小値と最大値を指定
します。Y字のフラクタルツリーの完成コードは**例10-5**のようになります。

例10-5　フラクタルツリーを動的に描くコードの完成形　　　　　　　　**fractals.pyde**

```python
def setup():
    size(600, 600)

def draw():
    background(255)
    translate(300, 500)
    level = int(map(mouseX, 0, width, 0, 15))
    y(100, level)

def y(sz, level):
    if level > 0:
        line(0, 0, 0, -sz)
        translate(0, -sz)
        angle = map(mouseY, 0, height, 0, 180)
        rotate(radians(angle))
        y(0.8 * sz, level - 1)
        rotate(radians(-2 * angle))
        y(0.8 * sz, level - 1)
        rotate(radians(angle))
        translate(0, sz)
```

　マウスのy座標を0から180までの範囲に変換しています（ラジアンであれば0からpi
までに該当します）。rotate()の行では単位が度のangleを使っているので、度か
らラジアンに変換した値を引数にしています。1つ目のrotate()では右方向に回転し
て、2つ目のrotate()では負のアングル、つまり左方向に回転しています。きちんと
左方向を向くように、2倍の角度で回転しているところに注意してください。そして最
後のrotate()では右方向に回転して位置を戻しています。
　コードを実行すると**図10-7**のような図形を表示できます。

図10-7 ダイナミックなフラクタルツリー

　マウスを上下左右に移動させると、フラクタルの形や深さレベルが変化します。

　フラクタルツリーを描くコードからもわかるように、再帰を使うことで驚くほどシンプルなコードでも複雑な図形を描くことができます。では海岸線の問題に戻りましょう。よりギザギザにするだけで海岸線の長さを2倍にも3倍にもするにはどうしたらいいでしょう？

10.2　コッホ雪片

　コッホ雪片は有名なフラクタルの1つで、スウェーデンの数学者ヘルゲ・フォン・コッホ（Helge von Koch）によって1904年に論文として発表されました。コッホ雪片は正三角形をもとにして作られます。まず直線から始めて、「突起」を足します。そして**図10-8**のように、それぞれの線に再び小さな突起を足すという処理を繰り返します。

図10-8 それぞれの線分に「突起」を足す

　新しいスケッチをオープンしてsnowflakeという名前で保存し、**例10-6**のコードを追加します。実行すると逆三角形が表示されます。

　例10-6　snowflake()関数を作る　　　　　　　　　　　　　　　**snowflake.pyde**

```
def setup():
```

```
    size(600, 600)

def draw():
    background(255)
    translate(100, 100)
    snowflake(400, 1)

def snowflake(sz, level):
    for i in range(3):
        line(0, 0, sz, 0)
        translate(sz, 0)
        rotate(radians(120))
```

　draw()関数では、引数としてsz（最初の三角形の大きさ）とlevel（フラクタルの
レベル）を受け取るsnowflake()を呼んでいます。snowflake()関数は3回のルー
プを使って三角形を描きます。このループの中で長さszの線、つまり三角形の一辺を
描いた後、次の三角形の頂点の方向を向くよう120度回転します。そして次の辺が描か
れるというわけです。

　このコードを実行すると**図10-9**のように表示されます。

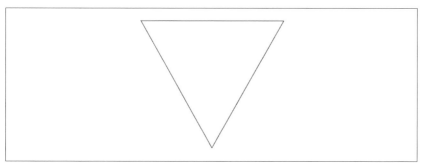

図10-9　レベル1の雪片：三角形

10.2.1　segment()関数を作る

　次はレベルに応じて線分を辺する処理を追加する必要があります。レベル0は直線
ですが、次のレベルでは辺に「突起」を追加します。つまり線分を3つに分割した後、
真ん中の線分を正三角形になるよう変形させます。線分を描く別の関数を呼ぶように
snowflake()を書き換えましょう。この関数は**図10-10**のように、レベルに応じてよ

り小さな線分を描く関数になるので、再帰関数として定義することになります。

図10-10　線分を3等分し、中央に「突起」を足す

　それぞれの辺を**線分**（segment）と呼ぶことにします。レベルが0の場合、線分は単に直線となり、三角形の辺と同じです。次のレベルでは辺の中央に突起が足されます。**図10-10**にある線分はいずれも同じ長さで、辺の3分の1です。この処理に必要な手順は以下の通りです。

1. 辺の3分の1の長さで線を描く
2. 上で描いた線の端点に移動する
3. −60度（左方向に）回転する
4. さらに線を描く
5. 線の端点に移動する
6. 120度（右方向に）回転する
7. 3つ目の線を描く
8. 線の端点に移動する
9. −60度（左方向に）回転する
10. 最後の線を描く
11. 線の端点に移動する

　そしてsnowflake()を書き換えて、直線を描く代わりにこの線を描いて変形させる関数segment()を呼び出すようにします。**例10-7**のようにsegment()関数を追加します。

例10-7　三角形の各辺に「突起」を描く　　　　　　　　　　　　　　　　　**snowflake.pyde**

```
def snowflake(sz, level):
    for i in range(3):
        segment(sz, level)
```

```
        rotate(radians(120))

def segment(sz, level):
    if level == 0:
        line(0, 0, sz, 0)
        translate(sz, 0)
    else:
        line(0, 0, sz / 3.0, 0)
        translate(sz / 3.0, 0)
        rotate(radians(-60))
        line(0, 0, sz / 3.0, 0)
        translate(sz / 3.0, 0)
        rotate(radians(120))
        line(0, 0, sz / 3.0, 0)
        translate(sz / 3.0, 0)
        rotate(radians(-60))
        line(0, 0, sz / 3.0, 0)
        translate(sz / 3.0, 0)
```

　segment()関数において、レベル0の場合には直線を描いてその終端に移動するだけです。レベル1以上の場合、先ほどの11個の手順に対応した11行のコードを実行して「突起」を作ります。まず辺の3分の1の長さの線を描き、線の終端に移動します。そして左に（−60度）回転して2つ目の線を描きます。この線も先ほどと同じく、元の辺の3分の1の長さです。そして終端へ移動して120度右に回転し、再び同じ長さの線を描きます。さらに終端へ移動して−60度（左に60度）回転し、4つ目の最後の線を描き、終端へ移動します。

　このように、この関数はレベルが0の場合は三角形を、そうでない場合にはそれぞれの辺に突起を描きます。**図10-8**のようにすると、1つ前の手順で描いたそれぞれの線を尖らせることができます。もし再帰を使わなかったとしたらとても手こずったに違いありません！しかしここでは1レベル小さい状態で線を描くコードを呼び出すだけで済みます。この手順が再帰になっています。

　次に、線を描く部分をすべて書き換えて、szの3分の1の長さで1レベル小さい線分を描くようにします。segment()関数は**例10-8**のようになります。

例**10-8**　line を segment に置き換え　　　　　　　　　　　　　　　　**snowflake.pyde**

```
def segment(sz, level):
    if level == 0:
        line(0, 0, sz, 0)
        translate(sz, 0)
    else:
        segment(sz / 3.0, level - 1)
        rotate(radians(-60))
        segment(sz / 3.0, level - 1)
        rotate(radians(120))
        segment(sz / 3.0, level - 1)
        rotate(radians(-60))
        segment(sz / 3.0, level - 1)
```

　以上のように、**例10-7**にあった（レベル1以上のコードに対する）lineの行をすべて
segment()に置き換えます。なお無限ループにならないようにするために、それぞれ
のsegment()は1レベル低い状態で呼び出しています。では以下のように、draw()
関数で指定している雪片のレベルを変更できるようにすることで**図10-11**のように表示
されるようにしましょう。

```
def draw():
    background(255)
    translate(100, height - 400)
    snowflake(400, 3)
```

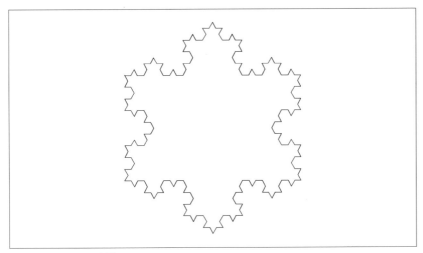

図10-11 レベル3の雪片

マウスの *x* 座標に応じてレベルが変化するようにさらに改良してみましょう。マウスの *x* 座標の値は0からウィンドウの幅までの範囲になります。この範囲を0から7までに変更させるコードは以下の通りです。

```
level = map(mouseX, 0, width, 0, 7)
```

ただし欲しい値は整数にしたいので、intを使ってさらに整数へと変換させます。

```
level = int(map(mouseX, 0, width, 0, 7))
```

このコードをdraw()関数内で呼び出して、出力された「レベル」をsnowflake()関数に渡します。コッホ雪片の完成形のコードは**例10-9**のようになります。

例10-9 コッホ雪片の完成形のコード   **snowflake.pyde**

```
def setup():
    size(600, 600)

def draw():
    background(255)
    translate(100, 200)
    level = int(map(mouseX, 0, width, 0, 7))
    snowflake(400, level)
```

```
def snowflake(sz, level):
    for i in range(3):
        segment(sz, level)
        rotate(radians(120))

def segment(sz, level):
    if level == 0:
        line(0, 0, sz, 0)
        translate(sz, 0)
    else:
        segment(sz / 3.0, level - 1)
        rotate(radians(-60))
        segment(sz / 3.0, level - 1)
        rotate(radians(120))
        segment(sz / 3.0, level - 1)
        rotate(radians(-60))
        segment(sz / 3.0, level - 1)
```

　このコードを実行してマウスを左から右に移動させると、**図10-12**のように「突起」が徐々に複雑になる雪片が表示されることがわかります。

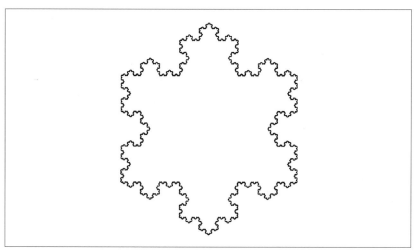

図10-12　レベル7の雪片

ではこれが海岸線のパラドックスとどう関係するのでしょうか？ **図10-3**を振り返ってみると、線の長さ（三角形の1辺）は1単位（たとえば1キロメートル）でした。そして各辺を3等分して中央を尖らせると2/3伸びるので、1辺は4/3の長さになります。1/3長くなりました。雪片の境界線（海岸線）は1レベルごとに1/3長くなります。つまりレベルnでは、海岸線の長さが元の三角形の辺よりも $(4/3)^n$ 長くなります。目で確認することはできませんが、レベル20の場合には元の長さよりも実に300倍の長さになるのです！

10.3　シェルピンスキーの三角形

　シェルピンスキーの三角形（Sierpinski triangle）は1915年にポーランドの数学者ヴァツワフ・シェルピニスキ（Wacław Sierpiński）にちなんだ有名なフラクタルの1つです。しかし同じ模様が11世紀のイタリアにあった教会の床で既に使われていたことが知られています！ この三角形のパターンは簡単に説明できますが、実際の図形は驚くほど複雑なものです。手順としては**図10-13**のように、まず三角形を描き、次のレベルでは元の三角形をさらに小さな3つの三角形に分割し、さらに次のレベルではそれぞれの三角形をさらに3つの三角形に分割します。

レベル 0　　　　　レベル 1　　　　　レベル 2

図10-13　シェルピンスキーの三角形レベル1, 2, 3

　最初の手順は簡単です。Processingで新しいスケッチを開いてsierpinskiという名前で保存します。そしていつもの通り、setup()とdraw()を用意します。setup()関数ではウィンドウサイズを幅600ピクセル、高さ600ピクセルにします。draw()関数では背景を白にして、位置を(50, 450)に移動させることで、画面左下から三角形を描き始められるようにします。次にtree()関数と同じく、sierpinski()という名前の関数を追加して、レベル0であれば三角形を描くようにします。ここまでのコードは**例10-10**のようになります。

例10-10　Sierpinskiのフラクタルの準備　　　　　　　　　　　　　　　　　**sierpinski.pyde**

```
def setup():
    size(600, 600)

def draw():
    background(255)
    translate(50, 450)
    sierpinski(400, 0)

def sierpinski(sz, level):
    if level == 0:  # 黒い三角形を描く
        fill(0)
        triangle(0, 0, sz, 0, sz / 2.0, -sz * sqrt(3) / 2.0)
```

　sierpinski()関数は図形の大きさを表す引数（sz）と、レベルを表す引数level
をとります。塗りつぶす色は0にしていますが、いろいろなRGB値を設定してみるとい
いでしょう。三角形を描く行では、辺の長さを表す引数szから計算した、三角形の3
つの頂点のx, y座標を指定します。

　図10-13からもわかるように、レベル1の場合はレベル0の三角形の頂点それぞれ
を含むような3つの三角形を描きます。これらの三角形の辺はいずれも、1つ上のレ
ベルの半分の長さになります。したがって小さな三角形、つまり低いレベルのシェ
ルピンスキーの三角形を作り、次の角へ移動し、120度回転させればいいわけです。
sierpinski()関数を実装するコードは**例10-11**のようになります。

例10-11　シェルピンスキーのプログラムに再帰を追加する

```
def draw():
    background(255)
    translate(50, 450)
    sierpinski(400, 8)

def sierpinski(sz, level):
    if level == 0:  # 黒い三角形を描く
        fill(0)
        triangle(0, 0, sz, 0, sz / 2.0, -sz * sqrt(3) / 2.0)
    else:  # それぞれの頂点でシェルピンスキーの三角形を描く
        for i in range(3):
```

```
sierpinski(sz / 2.0, level - 1)
translate(sz / 2.0, -sz * sqrt(3) / 2.0)
rotate(radians(120))
```

このコードでは、レベルが0でない場合（`for i in range(3):`の行は「3回繰り返す」という意味です）、1レベル下になる半分の大きさのシェルピンスキーの三角形を描き、辺に沿って次の頂点へ移動し、120度右に回転しています。`sierpinski()`関数では自身の中で`sierpinski(sz / 2.0, level - 1)`と呼び出しています。これが再帰処理になっています！`draw()`関数で以下のように`sierpinski()`関数を呼び出すと、**図10-14**のようにレベル8のシェルピンスキーの三角形を描くことができます。

```
sierpinski(400, 8)
```

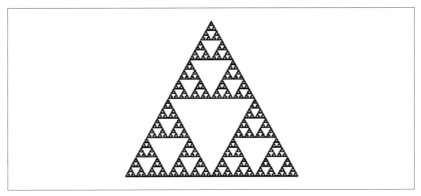

図10-14　レベル8のシェルピンスキーの三角形

　シェルピンスキーの三角形が興味深いのは、次の節で紹介するように、三角形ではなくても同じようにフラクタルな図形になるというところです。

10.4　四角形のフラクタル

　シェルピンスキーの三角形は四角形でも作ることができます。たとえば四角形を描いて、右下の1/4を消すという処理をそれぞれ残りの四角形に適用していきます。この処理を繰り返すと**図10-15**のような絵を描くことができます。

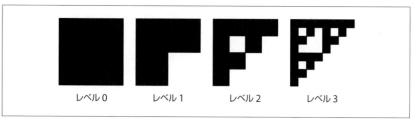

図10-15　レベル0, 1, 2, 3の四角形フラクタル

　このフラクタルは小さい四角形を3つコピーして全体の形にすることで作成できます。Processingで新しいスケッチをオープンして、squareFractalという名前で保存し、**例10-12**のコードを入力します。

例10-12　squareFractal()関数を作る　　　　　　　　　　　　　　**squareFractal.pyde**

```python
def setup():
    size(600, 600)
    fill(150, 0, 150)  # 紫
    noStroke()

def draw():
    background(255)
    translate(50, 50)
    squareFractal(500, 0)

def squareFractal(sz, level):
    if level == 0:
        rect(0, 0, sz, sz)
```

　今回のプログラムでは、fill関数をsetup()関数内で呼んでいるだけなので、setup()関数でRGB値を使って設定した色が四角形の色になります。draw()関数ではsquareFractal()関数を呼んで、レベル0のフラクタルとして500ピクセルの四角形を描いています。squareFractal()関数はレベル0の場合に単なる四角形を描くようになっています。このコードを実行すると**図10-16**のように紫の大きな四角形が表示されます。

図10-16　紫の四角形（レベル0）

　次のレベルでは、初期の四角形と比べて半分の長さの四角形を作ります。左上に四角形を描いた後、左下と右上にも描きます。**例10-13**のようにすると大きな四角形から1/4消した四角形を描くことができます。

例10-13　四角形フラクタルに四角形を追加していく　　　　　　　**squareFractal.pyde**

```
def squareFractal(sz, level):
    if level == 0:
        rect(0, 0, sz, sz)
    else:
        rect(0, 0, sz / 2.0, sz / 2.0)
        translate(sz / 2.0, 0)
        rect(0, 0, sz / 2.0, sz / 2.0)
        translate(-sz / 2.0, sz / 2.0)
        rect(0, 0, sz / 2.0, sz / 2.0)
```

　レベル0では大きな四角形を描きますが、レベル1以上では左上に小さな四角形を描き、右に移動して右上の四角形を描き、左下（マイナスのxおよびプラスのy）に移動して、左下の四角形を描きます。

　これで次のレベルのフラクタルが作れるようになったので、draw()関数にあったsquareFractal(500, 0)をsquareFractal(500, 1)に変更すると、**図10-17**

のように右下が欠けた四角形になります。

図10-17　レベル1の四角形フラクタル

レベル2以降では、それぞれの四角形を小さくしてフラクタルにすることになるため、
例10-14のようにrect関数を呼び出している行をsquareFractal()に書き換えて、
szを2で割った長さにして、レベルを1つ小さくした状態で呼び出します。

例10-14　四角形フラクタルに再帰を追加　　　　　　　　　　　**squareFractal.pyde**

```
def squareFractal(sz, level):
    if level == 0:
        rect(0, 0, sz, sz)
    else:
        squareFractal(sz / 2.0, level - 1)
        translate(sz / 2.0, 0)
        squareFractal(sz / 2.0, level - 1)
        translate(-sz / 2.0, sz / 2.0)
        squareFractal(sz / 2.0, level - 1)
```

例10-14では（レベルが0でなければ）rectの代わりにsquareFractal()を呼ん
でいます。draw()関数でsquareFractal(500, 2)として呼び出してみると、**図
10-18**のように予想と違う図形が表示されます。

図10-18　予想と違う図形！

これは、本章で説明したYフラクタルの場合と異なり、開始点を元に戻していないことが原因です。

　移動位置を戻す処理を手で計算することもできますが、Processingでは5章で紹介したように、pushMatrix()とpopMatrix()を使うこともできます。

　pushMatrix()を呼ぶと画面上の現在位置を保存できるので、原点(0, 0)の位置を覚えておきながら四角形を描くことができます。そして移動や回転を繰り返した後にpopMatrix()関数を呼ぶだけで、わざわざ計算せずとも初期位置に戻ることができるのです！

　例10-15のようにsquareFractal()関数の先頭にpushMatrix()、最終行にpopMatrix()を追加します。

例10-15　pushMatrix()とpopMatrix()を使って完成させる　　　　**squareFractal.pyde**

```
def squareFractal(sz, level):
    if level == 0:
        rect(0, 0, sz, sz)
    else:
        pushMatrix()
        squareFractal(sz / 2.0, level - 1)
        translate(sz / 2.0, 0)
        squareFractal(sz / 2.0, level - 1)
        translate(-sz / 2.0, sz / 2.0)
```

```
squareFractal(sz / 2.0, level - 1)
popMatrix()
```

　このようにすると、**図10-19**のように右下の欠けた、レベル1よりも小さい四角形フ
ラクタルにすることができます。

図10-19　レベル2の四角形フラクタル

　次は**例10-16**のようにして、squareFractal(500, 2)のレベルがマウスに応じ
て変化するようにしてみます。

例**10-16**　四角形フラクタルをインタラクティブにする　　　　**squareFractal.pyde**

```
def draw():
    background(255)
    translate(50, 50)
    level = int(map(mouseX, 0, width, 0, 7))
    squareFractal(500, level)
```

　レベルが大きくなると、**図10-20**のようにシェルピンスキーの三角形のような図形に
なることがわかります！

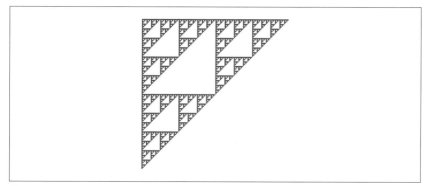

図10-20　シェルピンスキーの三角形のような高レベルの四角形フラクタル

10.5　ドラゴン曲線

本書で紹介する最後のフラクタルはこれまでと異なり、レベルに応じて小さくなるのではなくて大きくなるものです。**図10-21**はドラゴン曲線のレベル0から3までの図です。

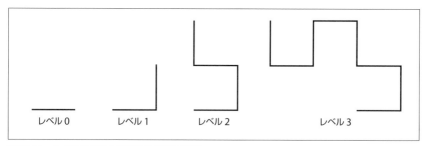

図10-21　レベル0から3までのドラゴン曲線

数学的エンターテイナーであるヴィ・ハート（Vi Hart）氏が公開しているYouTubeビデオの中で、彼女はドラゴン曲線の後半が前半の完全なコピーになっていると説明していて、畳んでから広げた折り紙のようなモデルだと言っています。**図10-21**にあるレベル2の曲線では、左に2回、右に1回曲がった線になっています。ドラゴン曲線の「ヒンジ」あるいは「折りたたみ」の部分は、いずれも曲線の中央です。それぞれの曲線から中央を見つけてみてください！　後ほど、ドラゴン曲線の一部を動的に回転させて、次のレベルを作る方法を説明します。

　Processingで新しいスケッチをオープンして、dragonCurveという名前で保存します。まず、**例10-17**のようにして「左のドラゴン」を作成します。

例10-17　leftDragon()関数を作る　　　　　　　　　　　　　**dragonCurve.pyde**

```python
def setup():
    size(600, 600)
    strokeWeight(2)    # 若干太めの線

def draw():
    background(255)
    translate(width / 2, height / 2)
    leftDragon(5, 11)

def leftDragon(sz, level):
    if level == 0:
        line(0, 0, sz, 0)
        translate(sz, 0)
    else:
        leftDragon(sz, level - 1)
        rotate(radians(-90))
        rightDragon(sz, level - 1)
```

　いつもの通りsetup()とdraw()関数を用意した後、leftDragon()関数を作ります。レベル0の場合、直線を1つ描いて線に沿って移動します。これは1章でカメを動かして線を描いたコードと似ています。レベル1以上の場合、(1レベル下の)左のドラゴンを描き、90度左に回転し、(1レベル下の)右のドラゴンを描きます。

　次は「右のドラゴン」の関数を作成します(**例10-18**)。この関数はleftDragon()とほとんど同じです。レベル0の場合は単に線を描いて移動します。レベル1以上の場合は左のドラゴンを描いて、**右**に90度回転し、右のドラゴンを描きます。

例10-18　rightDragon()関数を作る　　　　　　　　　　　　　**dragonCurve.pyde**

```python
def rightDragon(sz, level):
    if level == 0:
        line(0, 0, sz, 0)
        translate(sz, 0)
    else:
```

```
leftDragon(sz, level - 1)
rotate(radians(90))
rightDragon(sz, level - 1)
```

　ここで興味深いのは、再帰になっているのが1つの関数だけに限らず、左のドラゴン関数と右のドラゴン関数を行ったり来たりするという点です。実行すると**図10-22**のようにレベル11のドラゴン曲線が表示されます。

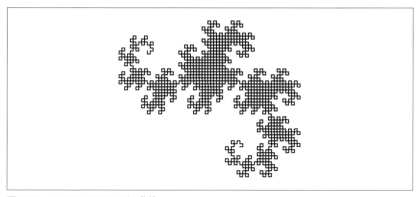

図10-22　レベル11のドラゴン曲線

　レベルを上げていくと、単なる直角の線の集合どころか、ドラゴンのようにすら見えてきます！ ドラゴン曲線が中央で「折りたたまれて」いるという説明を覚えていますでしょうか。**例10-19**のバージョンでは、レベルとサイズを変更するための変数、およびマウスの*x*座標に応じた変数angleを追加しています。この変数を使って、次のレベルのドラゴン曲線を「ヒンジ」中心に回転させます。コードを実行して、次のレベルのドラゴン曲線の半分が回転する様子を確認してみましょう！

例10-19　ダイナミックなドラゴン曲線　　　　　　　　　　　　**dragonCurve.pyde**

```
❶  RED = color(255, 0, 0)
   BLACK = color(0)

   def setup():
❷      global thelevel, size1
        size(600, 600)
❸      thelevel = 1
        size1 = 40
```

```
def draw():
    global thelevel
    background(255)
    translate(width / 2, height / 2)
❹   angle = map(mouseX, 0, width, 0, 2 * PI)
    stroke(RED)
    strokeWeight(3)
    pushMatrix()
    leftDragon(size1, thelevel)
    popMatrix()
    leftDragon(size1, thelevel - 1)
❺   rotate(angle)
    stroke(BLACK)
    rightDragon(size1, thelevel - 1)

def leftDragon(sz, level):
    if level == 0:
        line(0, 0, sz, 0)
        translate(sz, 0)
    else:
        leftDragon(sz, level - 1)
        rotate(radians(-90))
        rightDragon(sz, level - 1)

def rightDragon(sz, level):
    if level == 0:
        line(0, 0, sz, 0)
        translate(sz, 0)
    else:
        leftDragon(sz, level - 1)
        rotate(radians(90))
        rightDragon(sz, level - 1)

def keyPressed():
    global thelevel, size1
❻   if key == CODED:
        if keyCode == UP:
            thelevel += 1
        if keyCode == DOWN:
```

```
        thelevel -= 1
    if keyCode == LEFT:
        size1 -= 5
    if keyCode == RIGHT:
        size1 += 5
```

例10-19では曲線の色をいくつか追加しています❶。setup()関数ではグローバ
ル変数thelevelとsize1を宣言して❷初期値を設定❸し、ファイルの末尾にある
keyPressed()関数でこれらの値が十字キーで変化するようにしています。

draw()関数ではangle変数がマウスのx座標に対応するようにしています❹。そ
してやや太めの赤線で初期値のthelevelとsize1を使って左のドラゴンを描いてい
ます。またここでは既に説明したように、pushMatrix()とpopMatrix()を使って、
次の曲線を描き始められるように元の位置を保存しています。続いて、変数angleに
応じた角度でドラゴン曲線を黒で描きます❺。leftDragon()とrightDragon()
関数は先ほどとまったく同じです。

Processingの組み込み関数keyPressed()を使うと簡単にスケッチの変数を変更
できます。ここでは上下左右のキー入力に応じて変化させたい変数をグローバル変数
として宣言しています。なおCODED❻は単に入力された文字だけを表すものではない
ことに注意してください。最後に、十字キーが押された場合には上下キーでレベルを、
左右キーでサイズを表す変数を増減させます。

このバージョンのスケッチ「dragonCurve」を実行してレベルを5にすると、**図10-23**
のようにレベル5のドラゴン曲線が赤で描かれます。また、レベル4の曲線を回転させ
ることができるので、レベル5の曲線が確かにレベル4の曲線によって作られているこ
ともわかります。

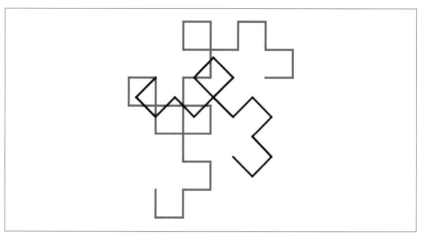

図10-23　レベル5のドラゴン曲線と、操作可能なレベル4の曲線

　マウスを動かすと黒いドラゴン曲線が回転して、赤い曲線の半分と一致することがわかります。上下キーを押すとドラゴン曲線のレベルを操作できます。上キーを押すと曲線がどんどん長くなります。曲線が画面をはみ出してしまうようであれば、左キーを押して線の長さを短くすれば画面内に収まるようにできます。右キーを押すと全体が大きくなります。

　これはleftDragon()関数がまず呼ばれて、左に回転し、rightDragon()関数が呼ばれていることからも明らかです。rightDragon()関数は逆に右回転しているだけです。ドラゴン曲線の一部が全体の完全なコピーになっているのはまったく不思議なことではありません。

10.6　まとめ

　これまで紹介したフラクタルは表面的なものでしかありませんが、フラクタルがいかに美しく、自然の複雑さを巧みにモデル化できるものなのかということが少しでも感じられれば幸いです。フラクタルや再帰を使うと、論理的なアイディアや測量に関するアイディアを再評価できます。「海岸線がどのくらいの長さか」という問いは「どのくらいギザギザしているか」という問いに置き換えられます。

　海岸線や曲がりくねった川のようなフラクタルの線の一般的な特徴として、自己類似性のスケールがあるという点が挙げられます。つまり自身と同じような図形を、元と比

べてどのくらいのサイズで描くかということです。これはたとえば次のレベルの図を描く際に、`0.8 * sz`や`sz / 2.0`や`sz / 3.0`といったサイズにすることです。

　次の章ではセルオートマトン（cellular automata：CA）という、自身をとりまく状況によって増殖、成長、減衰するような小さな複数の四角形を紹介します。9章の牧草を食べる羊の例と同じように、CAを作って実行する予定です。そうすると非常に単純な規則にもかかわらず、フラクタルと同じようなとても美しい図形が描き出されることがわかります。

11章
セルオートマトン

加湿器と除湿機を同じ部屋に置いて、それぞれを競わせるのが好きなんです。

―スティーブン・ライト (Steven Wright)

　数学の方程式は測定可能なもののモデル化にはとても有効で、ついには人類を月にまで導きました。しかしどれだけ方程式が優れていたとしても、生物学や社会科学の分野においては生物が方程式の通りに成長するとは限らないため、部分的にしか役立ちません。

　生物はそれをとりまく環境ならびに他の生物と日々相互に影響を受けながら成長します。この複雑な相互作用は成長の仕方に影響を与えますが、それを方程式にすることはほぼ不可能です。1つの作用あるいは反応におけるエネルギーや熱量を方程式で計算することはできても、生態系システムをモデル化しようとすると何千何万もの方程式が必要になり、ほぼ不可能です。

　しかし幸運なことに、環境に応じて成長し変化するような細胞や生物などのシステムをモデル化する方法があります。生物の個体の様子をモデル化するこの手法は**セルオートマトン** (cellular automata：CA) と呼ばれます。**オートマトン** (automaton: automata の単数形) とは、自動的に動くものという意味です。**図11-1**にある2つの図は、コンピュータで作った2つのセルオートマトンです。

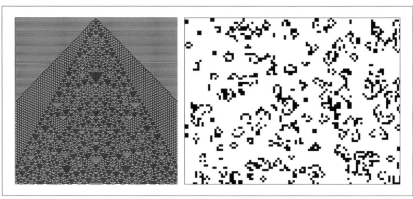

図11-1 基本的なセルオートマトンと、画面を埋め尽くす仮想生命体

　本章で作るCAは**セル** (cell) という枠を使います。CAのセルそれぞれには、オンやオフ、生存や死滅、色つきや空白など、いくつかの**状態** (states) があります。セルは周囲にあるセルの影響を受けるため、それぞれがまるで生きているかのように成長したりします！

　CAに関する研究は実に1940年代から行われていますが、めざましい発展を遂げたのは近年コンピュータが一般的になってからのことです。実際、CAは「周りにセルがなければ消滅する」といった単純なルールを何千何万ものセルに適用することで結果を観察できるため、研究にはコンピュータが必要不可欠なのです。

　数学はパターンに関する学問ですから、セルオートマトンに関する数学の話題には興味深いものが多く、プログラムとしても挑戦しがいがあり、美しい結果を無限に生み出す可能性があるのです！

11.1　セルオートマトンを作る

　Processingで新しいスケッチをオープンしてcellularAutomataという名前で保存します。まずはセルが住むことになるグリッドを用意しましょう。**例11-1**のようにすれば長さが20で、10×10マスのグリッドを簡単に描くことができます。

　例11-1　10×10マスのグリッドを作る　　　　　　　　　　**cellularAutomata.pyde**

```
def setup():
    size(600, 600)
```

```
def draw():
    for x in range(10):
        for y in range(10):
            rect(20 * x, 20 * y, 20, 20)
```

このスケッチを保存して実行すると**図11-2**のように表示されます。

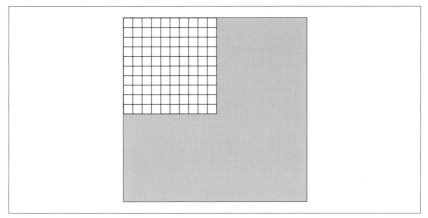

図11-2 10×10マスのグリッド

しかし今後は何度もセルを大きくしたり、グリッドのサイズを変更したりしたいので、それぞれを表す変数を用意することにします。heightとwidthとsizeは既に予約語になっているので違う名前にしましょう。**例11-1**を**例11-2**のように変更すると、グリッドの大きさやセルの大きさを変数で簡単に変更できるようになります。

例11-2 変数を使うように改善   **cellularAutomata.pyde**

```
GRID_W = 15
GRID_H = 15

# セルの大きさ
SZ = 18
def setup():
    size(600, 600)

def draw():
    for c in range(GRID_W):        # 列
```

```
for r in range(GRID_H):  # 行
    rect(SZ * c, SZ * r, SZ, SZ)
```

　グリッドの高さを表す変数 (GRID_H) と幅を表す変数 (GRID_W) のそれぞれを大文字の変数名にすることで、他の場所では変更しないということを表しています。セルの大きさも (今のところは) 固定なので、同じく大文字で定義します (SZ)。実行すると**図11-3**のように少し大きいグリッドが表示されます。

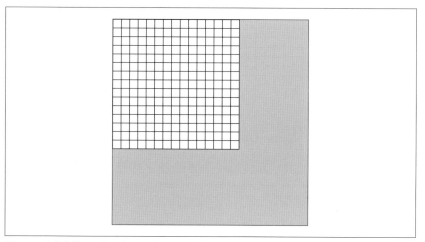

図11-3　変数を使って少し大きいグリッドを表示

11.1.1　Cellクラスを作る

　セルはそれぞれが位置や状態 (「オン」や「オフ」など)、隣接セル (セルの隣にある他のセル) を持つので、セル用のクラスを作成する必要があります。**例11-3**のようにしてCellクラスを追加します。

　例11-3　Cellクラスを作る　　　　　　　　　　　　　　**cellularAutomata.pyde**

```
# セルの大きさ
SZ = 18

class Cell:
    def __init__(self, c, r, state = 0):
        self.c = c
```

```
        self.r = r
        self.state = state

    def display(self):
        if self.state == 1:
            fill(0)      # 黒
        else:
            fill(255)    # 白
        rect(SZ * self.r, SZ * self.c, SZ, SZ)
```

セルのstateプロパティの初期値は0です。__init__メソッドの引数にある
state=0というコードは、引数stateが指定されなかった場合にはその値を0とみな
すという意味です。display()メソッドではCellオブジェクトの表示の仕方を決め
ていて、セルが「オン」の場合は黒、そうでなければ白になるようにしています。また、
セルのサイズ（self.SZ）に行と列のサイズを掛けることで大きなセルを表示できるよ
うにしています。

そして**例11-4**のように、draw()関数の後にCellオブジェクト用のリストを作る関
数を追加します。Cellオブジェクト用の空のリストを作ってからCellオブジェクト
を追加することで、1つ1つのメソッドを呼んでセルを描くのではなく、まとめて描ける
ようにしています。

例11-4　セルのリストを作る関数　　　　　　　　　　　　**cellularAutomata.pyde**

```
def createCellList():
    """中央のセルだけがオンになっている巨大なセルのリストを作成"""
❶   newList = []   # セルを追加するための空のリスト
    # 初期状態のセルのリストを用意
    for j in range(GRID_H):
❷       newList.append([])   # 空の行を追加
        for i in range(GRID_W):
❸           newList[j].append(Cell(i, j, 0))   # オフ状態（または0）のセルを追加
    # 中央のセルをオンに設定
❹   newList [GRID_H // 2][GRID_W // 2].state = 1
    return newList
```

まずnewListという空のリストを作成し❶、行に対応するリストを追加していきな
がら❷、Cellオブジェクトを追加します❸。その後、行と列を（ダブルスラッシュ、

つまり整数での割り算により）2で割った位置にある中央のセルのstateプロパティを
1（あるいは「オン」）に設定します❹。

このcreateCellList()関数はsetup()関数内で呼び出して、返り値をグロー
バル変数cellListに割り当てることでdraw()関数でもこの変数を使えるようにし
ます。最後にdraw()関数でcellListをループ処理して更新します。これまでの変
更を加えたsetup()およびdraw()関数は**例11-5**のようになります。

例11-5　グリッドを作るための新しいsetup() および draw()関数

```
def setup():
    global cellList
    size(600, 600)
    cellList = createCellList()

def draw():
    for row in cellList:
        for cell in row:
            cell.display()
```

しかしこのコードを実行すると、**図11-4**のように画面左上にグリッドが小さく表示さ
れます。

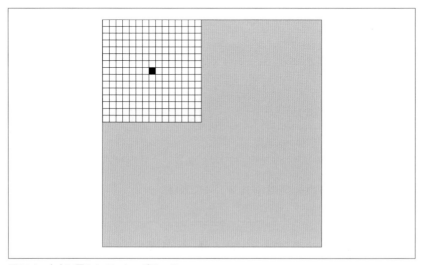

図11-4　中央に置かれていないグリッド

次はこの 15 × 15 マスのグリッドにあるセルのサイズを拡大縮小できるようにします。

11.1.2 セルのサイズを変更する

セルのサイズを変更するには、SZ の値がウィンドウの幅に応じて変化するようにします。今はウィンドウ幅が 600 なので、setup() 関数を**例11-6**のように変更します。

例11-6 ディスプレイウィンドウの幅にフィットするように
セルのサイズを調整する　　　　　　　　**cellularAutomata.pyde**

```
def setup():
    global SZ, cellList
    size(600, 600)
    SZ = width // GRID_W + 1
    cellList = createCellList()
```

ダブルスラッシュ (//) は**整数での割り算**で、商を整数で返します。このコードを実行すると、**図11-5**のように中央のセルだけが塗りつぶされたグリッドが表示されます。

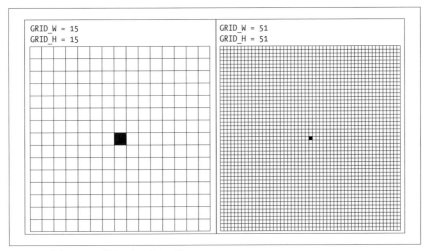

図11-5 中央のセルが「オン」のグリッド

このコードは**例11-6**のように、Cell のサイズを表す SZ に 1 を足した方がディスプレイウィンドウをうまく埋め尽くしてくれますが、足さないままでも問題ありません。

11.1.3　CAを成長させる

　次は周囲にある「オン」状態のセルの数によって、セルを変化させることにします。
この節はスティーブン・ウルフラム (Stephen Wolfram) 氏[*1]の『*New Kind of Science*』
(新しい種類の科学) に掲載されている2次元CAに着想を得たものです。**図11-6**はこ
のバージョンのCAが変化していく様子を表しています。

図11-6　セルオートマトンの成長過程

　この図形では、隣接するオンのセルが「1つまたは4つ」の場合にセルをオンにします
(そしてオンのままにします)。

11.1.4　セルを行列内に置く

　リストの場合、左右の隣接セルはリストの前後のセルなので簡単に見つけられます。
しかし上下のセルはどうやって見つけられるでしょう？ そこで上下のセルも簡単に見
つけられるよう、セルを2次元の**配列** (array) または行を表すリストを複数持った行列
(matrix) に保持するようにしましょう。そうするとたとえばセルが5列目にあるとする
と、「上」と「下」の隣接セルも同じく5列目に見つけられます。

　Cellクラスにに`checkNeighbors()`メソッドを追加して、いくつの隣接セルがオン
になっているかチェックして、それが1つまたは4つの場合には「オン」を表す1を返す

[*1]　訳注：理論物理学者で、数式処理システム Mathematica の作者。

ようにします。その他の場合には「オフ」を表す0を返すようにします。まず上にある隣
接セルからチェックします。

```python
def checkNeighbors(self):
    if self.state == 1:
        return 1   # セルの状態を維持
    neighbs = 0
    # 隣接セルをチェック
    if cellList[self.r - 1][self.c].state == 1:
        neighbs += 1
```

このコードでは、同じ列 (`self.c`) で1つ前の行 (`self.r - 1`) のセルをチェッ
クしています。このチェック中のセルの`state`プロパティが1でオンの場合、変数
`neighbs`を1つ増やします。この処理を下と左右のセルにも行います。単純なパター
ンが見えてきませんか?

```python
cellList[self.r - 1][self.c + 0]   # 上
cellList[self.r + 1][self.c + 0]   # 下
cellList[self.r + 0][self.c - 1]   # 左
cellList[self.r + 0][self.c + 1]   # 右
```

行と列の番号が変わっていることが重要です。チェックする対象のセルは「1つ上」が
[-1, 0]、「1つ下」が[1, 0]、そして左右が[0, -1]と[0, 1]です。行と列の変
化量をdrとdc (dはギリシャ文字の**デルタ** (delta)の頭文字で、数学では変化量を表す
ときによく使われます)とすると、それぞれのチェックをループで処理できます。

cellularAutomata.pyde

```python
def checkNeighbors(self):
    if self.state == 1:
        return 1   # セルの状態を維持
    neighbs = 0
    # 隣接セルをチェック
    for dr, dc in [[-1, 0], [1, 0], [0, -1], [0, 1]]:
        if cellList[self.r + dr][self.c + dc].state == 1:
            neighbs += 1
    if neighbs in [1, 4]:
        return 1
    else:
```

```
    return 0
```

そしてオン状態の隣接セルが1または4の場合、stateプロパティを1にします。if neighbs in [1, 4]というコードはif neighbs == 1 or neighbs == 4: と同じです。

11.1.5　セルのリストを作る

ここまでで、setup()の中でcreateCellList()関数を呼び出してcellList 変数に割り当てて、この変数内の行を走査してそれぞれの行にあるセルを更新できる ようになりました。ではルールが機能しているかどうか試してみましょう。中央のセル の隣にある4つのセルが次のステップで変更されるはずです。checkNeighbors() メソッドを呼んだ後に結果を表示してみましょう。draw()関数を以下のように変更し ます。

```
def draw():
    for row in cellList:
        for cell in row:
❶          cell.state = cell.checkNeighbors()
            cell.display()
```

変更した行❶ではcheckNeighbors()を呼び出して、結果に応じてセルのオン/ オフを切り替えています。このコードを実行してみると次のようなエラーになります。

```
IndexError: index out of range: 15 *1
```

このエラーは右隣のセルをチェックするときに起こっています。確かにセルは1行に 15個しかなく、15番目のセルには右隣がないからです。

右隣のセルがない場合（つまり列番号がGRID_W − 1の場合）には、右隣のセルの チェックをスキップして、次のセルに進んでしまえばいいでしょう。同じように、行 インデックスが0の場合には上隣、列インデックスが0の場合には左隣、行インデッ クスが14（GRID_H − 1）の場合は下隣のセルがないので無視します。**例11-7**では checkNeighbors()メソッドの中でPythonのtryおよびexceptキーワードを使う ことで、**例外処理**（exception handling）を行っています。

---

*1　訳注：「インデックスが範囲外です：15」という意味です。

例11-7 checkNeighbors()に条件分岐を追加   **cellularAutomata.pyde**

```
def checkNeighbors(self, cellList):
    if self.state == 1: return 1    # セルの状態を維持
    neighbs = 0
    # 隣接セルをチェック
    for dr, dc in [[-1, 0], [1, 0], [0, -1], [0, 1]]:
❶       try:
            if cellList[self.r + dr][self.c + dc].state == 1:
                neighbs += 1
❷       except IndexError:
            continue
    if neighbs in [1, 4]:
        return 1
    else:
        return 0
```

　tryキーワード❶はその単語の意味する通り、「次からの行にあるコードを試しに実行してみてください」というものです。先ほどのエラーメッセージにはIndexErrorとありました。そこでexceptキーワード❷にこのエラーを指定すると、「もしこのエラーが起きたら以下の処理をしてください」と指示できます。したがって、IndexErrorが起きたとしても処理を続けることができるというわけです。このコードを実行すると**図11-7**のようなおかしな画面が表示されます。これは明らかに**図11-6**とは違います。

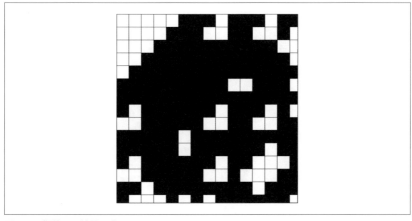

図11-7　期待した結果と違う！

　この問題は隣接セルをチェックしてセルの状態を変更する部分にあります。セルの状態を変更してから次のセルに進んでいますが、次のセルでは先ほど変更したセルの状態を見てチェックしてしまうのです。そうではなく、すべての隣接セルのチェックが終わってから新しいリストに情報を保存するようにしなければいけません。そしてすべてのセルのチェックが完了した後で、セルの状態をグリッドに反映するようにします。そこで、ループの最後でcellListを置き換えるために、現在のセルを保存しているnewListを用意すればよさそうです。

　ではcellListがnewListと同じ値になればいいわけですね？

```
cellList = newList  # ?
```

　このコードは正しそうに見えますが、PythonではnewListの内容をcellListにコピーしないので、これではうまく動きません。技術的にいえば単にnewListを参照するようになるだけなので、newListを変更するとcellListの値も同じく変更されてしまいます。

11.2　Pythonのリストの不思議

　Pythonのリストは不思議な動きをします。リストを1つ宣言して、それと同じ別の変数を用意した後、最初のリストを変更します。期待する動きとしては2番目の変数は変わらないはずですが、実際には以下のようになります。

```
>>> a = [1, 2, 3]
>>> b = a
>>> b
[1, 2, 3]
>>> a.append(4)
>>> a
[1, 2, 3, 4]
>>> b
[1, 2, 3, 4]
```

　リストaを作り、aをリストbに割り当てました。そしてリストbは更新せずにaだけ更新したにもかかわらず、Pythonではリストbも更新されてしまうのです！

11.2.1 リストのインデックス記法

あるリストに対して変更した際に、意図せず別のリストが変更されるという問題を避ける1つの方法としては、リストのインデックス記法を使ってリストをスライスします。リストaの内容をリストbにコピーすればこの問題が避けられます。

```
>>> a = [1, 2, 3]
>>> b = a[::]
>>> b
[1, 2, 3]
>>> a.append(4)
>>> a
[1, 2, 3, 4]
>>> b
[1, 2, 3]
```

b = a[::]のコードは「リストaをスライスしてリストaにあるすべての内容を変数bに割り当てる」というものです。これは単にリストaをリストbに割り当てた場合とは違います。このようにするとリスト同士が無関係になります。

SZを宣言した次の行に以下のコードを追加して、現在の世代を表す変数generationを用意します。

```
generation = 0
```

スライスを使ってリストの問題を避けるコードは、変更後のコードの一番最後にあります。draw()関数の後に新しいupdate()関数を追加して、リストの更新処理が別の関数内で処理されるようにしましょう。変更後のsetup()とdraw()関数を含むコードは**例11-8**のようになります。

例11-8　3世代目で処理を止めて、更新処理が
　　　　　うまくいっているかチェックする　　　　***cellularAutomata.pyde***

```
def setup():
    global SZ, cellList
    size(600, 600)
    SZ = width // GRID_W + 1
    cellList = createCellList()

def draw():
```

```
    global generation, cellList
    cellList = update(cellList)
    for row in cellList:
        for cell in row:
            cell.display()
    generation += 1
    if generation == 3:
        noLoop()

def update(cellList):
    newList = []
    for r, row in enumerate(cellList):
        newList.append([])
        for c, cell in enumerate(row):
            newList[r].append(Cell(c, r, cell.
checkNeighbors(cellList)))
    return newList[::]
```

　setup()ではcellListをグローバル変数として宣言してからこのリストを作っているので、他の関数内でもcellListが使えます。draw()関数ではグローバル変数generationを使って、チェックしたい世代を自由に決められるようになっています。またこの関数ではcellListも更新しています。セルを画面に表示する方法はdisplay()を呼び出すだけの以前と同じ方法で、その後にgenerationをインクリメントさせてから、目的の世代になったかどうかチェックしています。目的の世代になっていた場合にはProcessingの組み込み関数noLoop()を呼んで、ループを止めています。

　特定の世代になったら描画の無限ループを止めたいのでnoLoop()を呼び出したわけですが、このコードをコメントアウトするとプログラムはそのまま実行を続けます！3世代後のCAは**図11-8**のようになります。

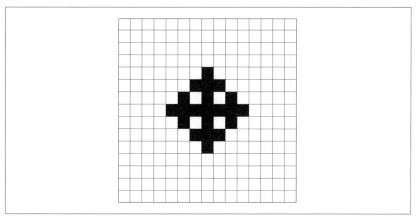

図11-8 CAがうまく動いている！

　グリッドのサイズを変数として用意しておいたおかげで、GRID_WとGRID_Hの値を
たとえば以下のように変えるだけでCAの見た目が大きく変わります。

```
GRID_W = 41
GRID_H = 41
```

　世代の上限を（if generation == 3の行で）13に変更すると、**図11-9**のような
結果になります。

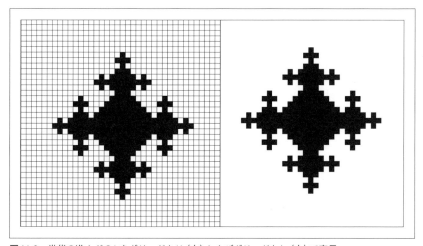

図11-9　世代の進んだCAをグリッドあり（左）およびグリッドなし（右）で表示

　CAの空白セルの周りにある枠を消すには、setup()関数内に以下の行を追加する
だけです。

```
noStroke()
```

　これで枠線が描かれなくなりましたが、四角形を塗る色はまだ有効なので、**図11-9**
のようになるというわけです。

　かなりいろいろなことをしてきましたね！2次元のリストを作ってセルをその中に追
加して、単純なルールでセルの状態を変えました。そしてセルを更新して画面に表示
させました。CAがどんどん成長するようになりました！

課題**11-1**　CAを手動で成長させる

　10章にあったkeyPressed()関数を使って、CAが手動で成長するようにし
てみなさい。

11.2.2　CAを自動的に成長させる

　CAがレベル0から（ウィンドウの大きさに応じた）特定の世代までをループするよう
にしたい場合、単に**例11-9**のようにdraw()関数を変更するだけです。

例11-9　CAが繰り返し成長するようにする　　　　　　　　**cellularAutomata.pyde**

```
def draw():
    global generation, cellList
❶   frameRate(10)
    cellList = update(cellList)
    for row in cellList:
        for cell in row:
            cell.display()
    generation += 1
❷   if generation == 30:
        generation = 1
        cellList = createCellList()
```

　アニメーションの速度を落とすには、Processingの組み込み関数frameRate()を

使います❶。デフォルトは1秒間あたり60フレームなので、ここでは10フレームに落としています。そしてgenerationが30（別の値でもかまいません）に到達すると、generationを1にリセットして、cellListを新しく作り直します。これでCAの成長速度を加速したり減速したりできるようになりました。CAのルールを変えるとCAがどのように変化するか見てみるとよいでしょう。また、CAの色を変えたりもしてみましょう！

　ここまでで、単純なルール（隣接セルが1つまたは4つの場合に「オン」にする）を用意して、いくつものセルにこのルールを一度に適用するようなプログラムを作りました。プログラムを動かすと、まるで生き生きと活動している生物のようにも見えます。次は移動したり成長したり死滅する生物のような、有名なCAのプログラムを作ります。

11.3　ライフゲームで遊ぶ

　1970年に刊行された『サイエンティフィック・アメリカン』誌に掲載され、数学の伝道師マーチン・ガードナー（Martin Gardner）によって執筆された隣接セルの数に応じて生成消滅を繰り返す奇妙で素晴らしいゲームの紹介記事は多くの人々を魅了しました。このゲームの考案者、イギリスの数学者ジョン・コンウェイ（John Conway）は以下の単純な4つのルールを定めました。

1. 生存しているセルの周囲に生存セルが1以下しかなければそのセルは死滅する。
2. 生存しているセルの周囲に生存セルが4以上あればそのセルは死滅する。
3. 死滅しているセルの周囲に生存セルが3つある場合はそのセルは生存状態になる。
4. 1.から3.に当てはまらないセルは状態を変えない。

　わずかこれだけの単純なルールを定めるだけでこのゲームは驚くような展開を迎えます。1970年の当時はこのゲームの様子をチェス盤上で確認するほかなく、1世代を進めるだけでも相当な時間がかかりました。ありがたいことに現代ではコンピュータが使えます。また、ライフゲームのプログラムはこれまでCA用に作っていたPythonプログラムとほとんど変わりません。ここまでのCA用コードが書かれたファイルを「GameOfLife」などの別名として保存してください。

　ライフゲームでは、対角線上のセルも隣接セルとみなします。つまりdr, dcの対象が4つ増えます。変更後のcheckNeighbors()は**例11-10**のようになります。

例11-10 対角線上のセルも隣接セルとみなすように
　　　　　checkNeighbors() を変更　　　　　　　　　　　　　　　　　　**GameOfLife.pyde**

```
def checkNeighbors(self):
    neighbs = 0   # 隣接セルをチェック

❶   for dr, dc in [[-1, -1], [-1, 0], [-1, 1], [1, 0], [1, -1],
                    [1, 1], [0, -1], [0, 1]]:
        try:
            if cellList[self.r + dr][self.c + dc].state == 1:
                neighbs += 1
        except IndexError:
            continue
❷   if self.state == 1:
        if neighbs in [2, 3]:
            return 1
        return 0
    if neighbs == 3:
        return 1
    return 0
```

　まず、チェック対象として追加する隣接セル用の値を4つ追加します❶。[-1, -1]
で左上、[1, 1]で右下という具合です。そして現在のセルがオンの場合❷、オン状
態の隣接セルが2つまたは3つかどうかチェックします。もしこの条件に一致する場合
には1（オン）、そうでなければ0（オフ）を返します。また、現在のセルがオフの場合は
オン状態の隣接セルが3つかどうかをチェックして、3つの場合には1、その他の場合
は0を返します。

　続いて、オン状態のセルがグリッド上にランダムに配置されるようにします。
Pythonのrandomモジュールにあるchoice()関数を使うため、コードの先頭に以下
の行を追加します。

```
from random import choice
```

　Cellのステータスがランダムにオンオフになるよう、choice()関数を呼び出す準
備ができました。createCellList()関数内にあるappendの行を以下のように書
き換えます。

```
newList [j].append(Cell(i, j, choice([0, 1])))
```

　また、世代を管理するためのコードは不要になっているので、draw() 関数は以下の
ようになります。

```
def draw():
    global cellList
    frameRate(10)
    cellList = update(cellList)
    for row in cellList:
        for cell in row:
            cell.display()
```

　このコードを実行すると、**図11-10**のようにグラフィックとしては大雑把でも、生物
が移動、変形、分裂して、さらには他の生物と影響し合うような様子がわかります。

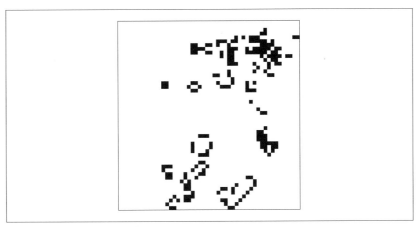

図11-10　ライフゲームを実行中！

　ゲーム内ではセルの「群れ（cloud）」が変形、移動し、他のクラウドと衝突したりしま
す。動き回っているセルは、最終的にはたとえば**図11-11**のような、ある一定の平衡状
態に落ち着きます。

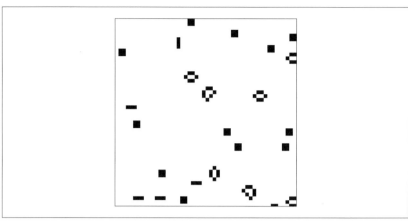

図11-11　安定した状態に落ち着いたライフゲームの例

　この安定状態において、いくつか形の変わらないものもあれば、同じパターンを繰り
返しているようなものもあります。

11.4　初歩的なセルオートマトン

　最後に紹介するCAはかなり興味深く、少し数学らしいものですが、単に1次元的な
方向に広がりを見せるだけのものです（そのため「初歩的なCA（elementary CA）」と呼
ばれます）。**図11-12**のように、セルを1行にして、その中央をオンの状態にします。

図11-12　初歩的なCAの最初の1行

　これは簡単にプログラミングできます。Processingで新しいスケッチをオープンして
elementaryCAという名前で保存した後、**例11-11**のコードを入力します。

例11-11　初歩的なCAの（1世代目の）1行目を描く　　　　　　**elementaryCA.pyde**

❶　# CA変数

```
w = 50
rows = 1
cols = 11
```

```
def setup():
    global cells
    size(600, 600)
    # 1行目:
❷   cells = []
    for r in range(rows):
        cells.append([])
        for c in range(cols):
            cells[r].append(0)
❸   cells[0][cols//2] = 1

def draw():
    background(255)   # 白
    # CAを表示
    for i, cell in enumerate(cells):   # 行
        for j, v in enumerate(cell):   # 列
❹           if v == 1:
                fill(0)
            else: fill(255)
❺           rect(j * w - (cols * w - width) / 2, w * i, w, w)
```

　まず、セルのサイズや行と列の数といった主要な変数を宣言します❶。次に空の cells リストを用意しておき❷、rows の値に応じた行を追加しながら、cols と同じ列数だけ cells に 0 を追加します。行の中央セルは 1 (あるいはオン)にしておきます❸。draw() 関数では enumerate 関数を使ってすべての行と列を走査していきます (2 行目以降はすぐ後で追加します!)。セルが 1 の場合はセルの色を黒にします❹。そうでない場合は白にしてからセルを描きます❺。x 座標の値が少し複雑ですが、これは CA が画面の中央に配置されるようにするための処理です。

　このコードを実行すると図11-12のように中央のセルだけがオンのグリッドが表示されます。この CA の次の行にあるセルの状態は、現在の行にあるセルとその左右の隣接セルによって決まります。どのくらいの組み合わせがあるでしょうか? セルと左右の隣接セルそれぞれに、それぞれ (1 か 0、あるいはオンかオフ) 2 つの状態があるわけなので、$2 \times 2 \times 2 = 8$ 通りの組み合わせがあります。すべての組み合わせは図11-13のようになります。

図11-13　セルと隣接セルのすべての組み合わせ

　1つ目の組み合わせはセルと左右の隣接セルすべてがオンの場合です。2つ目はセルと左の隣接セルがオンで、右の隣接セルがオフです。この順番が非常に重要です（規則が見えましたか？）。これらの組み合わせはどうやってプログラミングしたらいいでしょうか？以下のようなコードを8つも書いて並べればいいでしょうか？

```
if left == 1 and me == 1 and right == 1:
```

　実はもっと簡単な方法があります。スティーブン・ウルフラムの著書『*New Kind of Science*』（新しい種類の科学）において、彼はこれらのセルの状態を2進法と結びつけました。1がオンで0がオフだったわけですが、**図11-14**のように111ならば7、110が6といった具合にしたわけです。

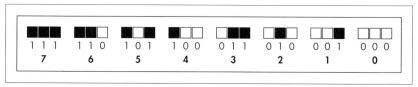

図11-14　8つの組み合わせに番号を付ける

　これで組み合わせに番号が付いたので、ルールを作れるようになりました。このルールは、組み合わせに応じて次の世代のセルがどうなるのかを決めたリストになります。このリストは簡単に作ることができ、ランダムな結果にしたり、何らかの規則に従ったものにしたりできます。**図11-15**はその一例です。

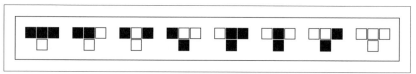

図11-15　CAの組み合わせに応じた結果の一覧

　組み合わせそれぞれの下にある四角が結果、あるいは次の世代のセルの状態を表し

ます。たとえば最初の「番号7の組み合わせ」の下にある白い四角は「セルと左右の隣接セルがすべてオンの場合、次の世代のセルはオフになる」という意味です。2番目と3番目の組み合わせも同じく次の世代が「オフ」になるルールです。**図11-12**を見るとわかるように、「オフ」の隣接セルに囲まれた「オフ」状態のセルがほとんどなので、**図11-14**にある3つの白い四角の組み合わせに一致することになります。この組み合わせでは、次の世代のセルもオフになります。また、左右が「オフ」の隣接セルに囲まれた「オン」状態のセルもあります（番号2の組み合わせ）。この場合には次の世代のセルはオンになります。これらのルールセット（ruleset）は**図11-16**のように0と1で表せます。

図11-16　次の行を生むためのルールをリストにする

これらの数をrulesetリストに入れたものをsetup()関数の前で宣言します。

```
ruleset = [0, 0, 0, 1, 1, 1, 1, 0]
```

このルールセットは（2進法表記の00011110が30なので）「ルール30」と呼ばれるもので、この順番が重要な意味を持っています。このルールに従って次の行を作るようにしましょう。1行目の状態を見て2行目を作り、2行目を見て3行目を作るような関数generate()を作ります。**例11-12**のコードを追加してください。

例11-12　次の行を作るための関数generate()を作る　　　　**elementaryCA.pyde**

```
    # CA変数
    w = 50
❶  rows = 10
    cols = 100
    --中略--
    ruleset = [0, 0, 0, 1, 1, 1, 1, 0]  # ルール30

❷  def rules(a, b, c):
    return ruleset[7 - (4 * a + 2 * b + c)]

    def generate():
```

```
for i, row in enumerate(cells):  # 1行目をチェック
    for j in range(1, len(row) - 1):
        left = row[j - 1]
        me = row[j]
        right = row[j + 1]
        if i < len(cells) - 1:
            cells[i + 1][j] = rules(left, me, right)
return cells
```

まず、行数と列数を変更してCAを大きくしています❶。そして左の隣接セルの値、現在のセルの値、右の隣接セルの値という3つの引数をとる関数rules()を追加しています。この関数はrulesetの値に応じて次の世代のセルの値を返します。2進法として計算すればいいので、4 * a + 2 * b + cという式によって「1, 1, 1」が7、「1, 1, 0」が6というようにできます。ただし**図11-15**からもわかるように、インデックスが逆順になっているため、計算後の値を7から引くことでrulesetに対する正しいインデックスを見つけられるようにしています。

setup()関数の最後に次の行を追加します。

```
cells = generate()
```

そうすると1行目だけでなく、すべてのCAを表示できます。コードを実行すると**図11-17**のように「ルール30」で生み出されたCAの最初の10行が表示されます。

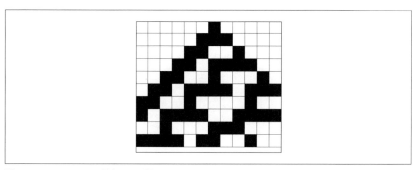

図11-17　ルール30の最初の10行

このコードではそれぞれの行にあるセルを1つずつ処理して、rulesetに設定したルールに従って次の行を作り出しています。もっと進めてみるとどうなるでしょうか？

行と列の数を1000にして、セルの大きさ（w）を3にしてみましょう。また、setup()
関数でnoStroke()を呼び出してセルの枠を非表示にしてから実行すると**図11-18**の
ように表示されます。

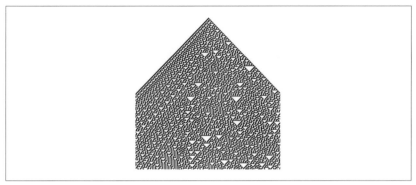

図11-18 ルール30をさらに表示

　ルール30はとても素晴らしい図形で、完全にランダムというわけでもなければ規則
的なわけでもありません。ルール73もおすすめです。実際、ファビェンヌ・セリエー
ル（Fabienne Serrière）は**図11-19**のようなルール73を模様にしたスカーフを作ってい
ます。他にも、アルゴリズムによって生み出されたパターンを模様にしたスカーフを彼
女のサイトhttps://knityak.com/で注文できます。

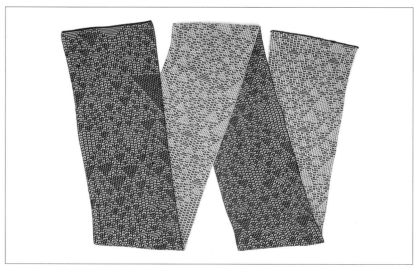

図11-19 セルオートマトン ルール73の模様のスカーフ

課題**11-2** ルールセットの変更

rulesetを90に変更するとCAがどうなるか確認しなさい。ヒント：フラクタルです。

課題**11-3** ズームイン・ズームアウト

10章で説明したkeyPressed()関数を使って、上下キーで変数wを増減できるようにしなさい。そうすればCAをズームイン・ズームアウトできるようになります！

11.5 まとめ

　この章ではPythonを使ってセルオートマトン、つまり特定のルールで好き勝手に動き回るようなセルを作りました。特定のルールで世代ごとに状態が変わるような大きなグリッドを作り、まるで生きているかのような思いがけず美しい形を描くようなプログ

ラムを作りました。

　次の章では問題を代わりに解いてくれるような仮想生物を作ります！ これらの生物はより適切な答えを何度も推測することによって秘密のフレーズを推測したり、都市間の最短距離を見つけ出したりすることができます。

12章
遺伝的アルゴリズムで
問題を解く

Steve：迷った。
Mike：どうやって迷った？

　数学と聞いて多くの人が思い浮かべることは、方程式や「お決まりの」四則演算、そして答えが正解か不正解のどちらかに決まるものといったことでしょう。しかしこれまで本書で説明してきた代数の機能を使うだけで予想や確認ができるようになりますと言われると、多くの人が驚くことでしょう。

　本章では、パスワードや秘密のメッセージを間接的に解読する方法を説明します。これは第4章にあった、方程式に整数をいくつも入力していって等号を満たしたら結果を出力するという「予想して確認」メソッドによく似ています。ここでは単に数字1つではなく、多数の値を推測します。問題を解く方法としてはエレガントではありませんが、コンピュータを使えばこの力業が一番うまくいくこともあります。

　秘密のメッセージを解読するには、メッセージを推測して、それが正しいメッセージとどのくらい一致しているか点数を付けることになります。しかし「予想して確認」メソッドとは違うところがあります。一番それらしい推測を残しておきつつ、正解になるまでその値をランダムに変化させていくという方法をとります。プログラムとしてはどの文字が正しい、あるいは間違っているのかわからないまま処理を進めますが、最善と判断した推測値を繰り返し変化させることによって答えにどんどん近づいていきます。この説明だけではこのプログラムがあまり役に立ちそうにないと思うかもしれませんが、驚くような速さで暗号解読を手助けしてくれることがわかるはずです。このメソッドはコンピュータサイエンティストが自然選択と生物進化の理論を元にして問題を解決するために使ったことから、「遺伝的アルゴリズム」（genetic algorithm）と呼ばれています。遺伝的アルゴリズムは、第9章の羊をモデルにしたクラスと同じように、環境に適用して変異する生物に影響を受けたものです。

　しかし複雑な問題を解決する場合、単にランダムに変化させるだけではうまくいかないことがあります。そこで、最も相性のいい生物同士が優秀な遺伝子を残しやすいという性質を真似て、一番優れた生物（あるいは最有力候補）を組み合わせて暗号の解読精度を向上させていくという**クロスオーバー**（crossover）の機能を導入します。点数付けの機能を除いて、ほとんどすべての処理がランダムに行われるので、遺伝的アルゴリズムがうまく動くことがわかると、きっと驚くことでしょう。

12.1　遺伝的アルゴリズムで文章を推測する

　IDLEで新しいファイルをオープンしてgeneticQuote.pyという名前で保存します。第4章の数当てゲームとは違い、今回は秘密のメッセージを推測します。プログラムが知ることのできることは、予想が当たった文字の数だけです。どの文字が正しいかどうかはわかりません。単に正解した文字数だけです。

　このプログラムは短いパスワードを当てられるというだけではありません。

12.1.1　makeList()関数を作る

　実際の動作を確認するために、まず答えとなるメッセージを用意します。以下の文章は筆者の息子から教えてもらった、英語版のコミック『NARUTO—ナルト—』からの抜粋です。

```
target = "I never go back on my word, because that is my Ninja
         way." *1
```

　英語ではアルファベットの大小文字と、空白文字、そしていくつかの記号が文章に使われます。

```
characters = " abcdefghijklmnopqrstuvwxyzABCDEFGHIJKLMNOPQRSTUVWX
             YZ.',?!"
```

　ではtargetと同じ長さでランダムな文字からなる文字リストを返す関数makeList()を作ります。その後、答えのメッセージを推測したときに、1文字ずつを比較していき、一致している文字数を点数として返すような関数も作ります。この点数が高いほど答えに近いというわけです。そしてランダムに文字を置き換えて、点数が上

---

*1　訳注：「まっすぐ自分の言葉は曲げねェ…それがオレの忍道だ」という意味です。

がるかどうかをチェックします。このように、まったくランダムに文字を変えていくだけの方法がうまくいくとはとうてい思いもつかないかもしれませんが、実際にはこれできちんと動きます。

まず例12-1のように、randomモジュールをインポートしてからmakeList()を作ります。

例12-1　答えと同じ長さでランダムな文字からなる
　　　　リストを返す関数makeList()を作る　　　　　　　　**geneticQuote.py**

```python
import random

target = "I never go back on my word, because that is my Ninja
way."
characters = " abcdefghijklmnopqrstuvwxyzABCDEFGHIJKLMNOPQRSTUVWX
YZ.',?!"

def makeList():
    """答えのメッセージと同じ文字数を持ったリストを返す"""
    charList = []   # ランダムな文字を追加することになる空のリスト
    for i in range(len(target)):
        charList.append(random.choice(characters))
    return charList
```

この関数ではまず空のリストcharListを作り、答えと同じ長さの分だけループを回します。それぞれのループではcharactersの中からランダムに選択した文字をcharListに追加します。ループが終わるとcharListを返します。では動作を確認してみましょう。

12.1.2　makeList()関数をテストする

まず答えの文字列の長さを調べてから、同じ長さのランダムな文字列リストを作ります。

```python
>>> len(target)
57
>>> newList = makeList()
>>> newList
['p', 'H', 'Z', '!', 'R', 'i', 'e', 'j', 'c', 'F', 'a', 'u', 'F',
```

```
'y', '.', 'w', 'u', '.', 'H', 'W', 'w', 'P', 'Z', 'D', 'D', 'E',
'H', 'N', 'f', ' ', 'W', 'S', 'A', 'B', ',', 'w', '?', 'K', 'b',
'N', 'f', 'k', 'g', 'Q', 'T', 'n', 'Q', 'H', 'o', 'r', 'G', 'h',
'w', 'l', 'l', 'W', 'd']
>>> len(newList)
57
```

targetの長さを調べると57でした。そして新しいリストも長さ57です。文字列ではなく、リストとして作っているのはなぜでしょう？ 今回の場合、文字列よりもリストとした方が簡単に済ませられるところがあるからです。たとえば文字列はイミュータブル（immutable：不変）なので、一部だけ別の文字に置き換えるということが簡単にできません。リストの場合は簡単に置き換えられます。

```
>>> a = "Hello"
>>> a[0] = "J"
Traceback (most recent call last):
  File "<pyshell#16>", line 1, in <module>
    a[0] = "J"
TypeError: 'str' object does not support item assignment*1
>>> b = ["H", "e", "l", "l", "o"]
>>> b[0] = "J"
>>> b
['J', 'e', 'l', 'l', 'o']
```

上のコードではまず文字列"Hello"の1文字目を"J"で置き換えようとしていますが、Pythonでは許されていない操作なのでエラーになります。一方、リストの場合は1つ目の文字を別の文字に置き換えられます。

geneticQuote.pyのコードでは、読みやすいようにランダムな文字リストを文字列として表示させることにします。文字のリストを文字列として表示させるには、Pythonの組み込み機能であるjoin()メソッドを使います。

```
>>> print(''.join(newList))
pHZ!RiejcFauFy.wu.HWwPZDDEHNf WSAB,w?KbNfkgQTnQHorGhwllWd
```

newListは文字のリストですが、文字列として表示できました。見たところ、この

---

*1　訳注：「'str' オブジェクトは要素の割り当てをサポートしません」という意味です。

文字列は答えとはほど遠い感じです！

12.1.3　score()関数を作る

次に、答えのメッセージと1文字ずつ比較して、同じ文字であるほど高い点数を返す関数score()を**例12-2**のように作成します。

例12-2　推測に点数を付ける関数score()を作る　　　　　　　　**geneticQuote.py**

```
def score(mylist):
    """答えと一致した文字数を整数値として返す"""
    matches = 0
    for i in range(len(target)):
        if mylist[i] == target[i]:
            matches += 1
    return matches
```

score()関数は引数（mylist）に指定されたリスト内の文字列を1つずつ調べて、1文字目が答えと同じ場合はスコアを1増やします。続いて2文字目を調べて、答えと同じ場合にはスコアを1増やします。この処理を最後の文字まで続けた後、どれが正しい文字だったかという情報ではなく、単なる数値であるスコアを返り値として返します。つまり**どの**文字が正しいかはわかりません！

今のスコアは何点でしょう？

```
>>> newList = makeList()
>>> score(newList)
0
```

最初の推測はまったくの見当外れでした。1文字も一致していません！

12.1.4　mutate()関数を作る

次はリスト内の1文字をランダムに変化させる関数を作ります。この関数を繰り返し使うことで、答えに近づくまで「予想を続ける」ことができるわけです。**例12-3**のコードを追加します。

例12-3 リスト内の1文字をランダムに変化させる関数mutate() を作る

geneticQuote.py

```
def mutate(mylist):
    """1文字変更されたmylistを返す"""
    newlist = list(mylist)
    new_letter = random.choice(characters)
    index = random.randint(0, len(target) - 1)
    newlist[index] = new_letter
    return newlist
```

　まずリストの要素をnewlist変数にコピーします。そしてcharactersリストから
ランダムに1文字選んで、置き換え用の文字にします。次に0から文字列の長さ未満の
間にある整数を1つランダムに選んで、置き換える文字のインデックスを決めます。こ
れらの値を使ってnewlistの特定の1文字を変更します。mutate()関数はループ内
で繰り返し実行されることになります。もし新しいリストが元のリストより高得点であ
れば、それが「最有力候補」リストになります。「最有力候補」リストを変更し続けるこ
とで、高得点を更新し続けることができるだろうという見込みです。

12.1.5　乱数を生成する

　すべての関数を定義した後にプログラムの本体用のコードを書いていきますが、ま
ずrandom.seed()を呼び出して乱数が正しく生成されるようにします。random.
seed()を引数なしで呼ぶと乱数生成器がシステムの現在時刻で初期化されます。そ
して1つ目のリストを作り、これが今のところ最高得点なので、最有力候補リストとし
ます。

geneticQuote.py

```
random.seed()
bestList = makeList()
bestScore = score(bestList)
```

　また、推測した回数もカウントできるようにします。

```
guesses = 0
```

　そしてbestListを変化させ続けて推測を繰り返すための無限ループを開始します。

ループ内では点数を計算して、推測回数を表す変数guessesを1ずつ増やします。

```
while True:
    guess = mutate(bestList)
    guessScore = score(guess)
    guesses += 1
```

新しく推測したメッセージが元のメッセージよりも同じか低い得点であれば、以下の
コードのようにしてループを続けます。つまり推測がうまくいかなかったのでループの
先頭に戻るようにして、以降の処理をスキップします。

```
    if guessScore <= bestScore:
        continue
```

まだループの処理を続けられている場合は推測がうまくいったということなので、画
面に結果とその点数を表示します。また、推測した回数も表示させます。推測したメッ
セージの点数が答えのメッセージの長さと同じ値になれば、メッセージがわかったとい
うことなので、ループを終了させます。

```
    print(''.join(guess), guessScore, guesses)
    if guessScore == len(target):
        break
```

そうでない場合はこれまでの最高点ではあるものの不完全な答えだということなの
で、最有力候補のリストと最高得点を更新します。

```
    bestList = list(guess)
    bestScore = guessScore
```

完成したgeneticQuote.pyのコードは**例12-4**のようになります。

例12-4　geneticQuote.py プログラムの完成形　　　　**geneticQuote.py**

```
import random

target = "I never go back on my word, because that is my Ninja
        way."
characters = " abcdefghijklmnopqrstuvwxyzABCDEFGHIJKLMNOPQRSTUVWX
            YZ.',?!"
```

```python
# 答えのメッセージと同じ文字数の「予想」リストを作る関数
def makeList():
    """答えのメッセージと同じ文字数を持ったリストを返す"""
    charList = []    # ランダムな文字を追加することになる空のリスト
    for i in range(len(target)):
        charList.append(random.choice(characters))
    return charList

# 推測したメッセージと答えのメッセージを比較して「点数」を付ける関数
def score(mylist):
    """答えと一致した文字数を整数値として返す"""
    matches = 0
    for i in range(len(target)):
        if mylist[i] == target[i]:
            matches += 1
    return matches

# リスト内の1文字をランダムに「変化」させる関数
def mutate(mylist):
    """1文字変更されたmylistを返す"""
    newlist = list(mylist)
    new_letter = random.choice(characters)
    index = random.randint(0, len(target) - 1)
    newlist[index] = new_letter
    return newlist

# リストを作ってbestListとして、bestListの点数をbestScoreとして設定
random.seed()
bestList = makeList()
bestScore = score(bestList)

guesses = 0

# 無限ループを使ってbestListを変化させながら点数を付ける
while True:
    guess = mutate(bestList)
    guessScore = score(guess)
    guesses += 1
```

```
# 新しいリストの点数がbestListよりも低い場合は次のループを続ける
  if guessScore <= bestScore:
      continue

# 新しいリストの点数が最適化されていた場合はリストを表示してループを終了
  print(''.join(guess), guessScore, guesses)
  if guessScore == len(target):
      break

# そうでない場合はbestListを新しいリストにして、
# 新しいリストの点数をbestScoreに設定
  bestList = list(guess)
  bestScore = guessScore
```

このコードを実行すると、スコアがどんどん上がっていく様子が表示されて、あっという間に答えを見つけ出すことができます。

```
i.fpzgPG.'kHT!NW WXxM?rCcdsRCiRGe.LWVZzhJe zSzuWKV.FfaCAV 1 178
i.fpzgPG.'kHT!N WXxM?rCcdsRCiRGe.LWVZzhJe zSzuWKV.FfaCAV 2 237
i.fpzgPG.'kHT!N WXxM?rCcdsRCiRGe.LWVZzhJe zSzuWKV.FfwCAV 3 266
i fpzgPG.'kHT!N WXxM?rCcdsRCiRGe.LWVZzhJe zSzuWKV.FfwCAV 4 324
--中略--
I nevgP go back on my word, because that is my Ninja way. 55 8936
I neveP go back on my word, because that is my Ninja way. 56 10019
I never go back on my word, because that is my Ninja way. 57 16028
```

この結果から、最終的な点数が57で、答えがわかるまで16,028回推測を繰り返したことがわかります。1行目のスコアがわずか1だというところに注目してください！メッセージを推測するもっとうまい方法は他にいくつもありますが、遺伝的アルゴリズムの簡単な実例として紹介しました。重要なポイントは、推測に点数を付けて「これまでの最善」をランダムに変化させるだけで、驚くほど短時間で見事な結果が得られるというところです。

次はこの推測に対して点数を付けてランダムに変化させるという方法を使って、別の問題を解いてみることにします。

12.2　巡回セールスマン問題を解く

　先ほどのプログラムを生徒に紹介したところ、その生徒は「既にメッセージの答えを知っていますよね」と言ってあまり感動しなかった様子でした。そこで次はあらかじめ答えがわからないような問題を遺伝的アルゴリズムで解くことにします。**巡回セールスマン問題**（Traveling Salesperson Problem：TSP）は問題としては簡単に理解できても、実際に解こうとすると難しいものとしてよく知られています。あるセールスマンがいくつかの都市を移動する際、最も移動距離が短くなるようにするという問題です。簡単ですよね？ コンピュータを使えば、すべての移動パターンを調べ上げて、それぞれの距離を計算するようなプログラムを作ることができそうだと思いませんか？

　ところがこの方法では、都市の数が一定以上になると現代のスーパーコンピュータでも計算しきれないような計算量になることがわかります。都市が6つの場合に、都市間の経路をすべて調べてみると**図12-1**のようになります。

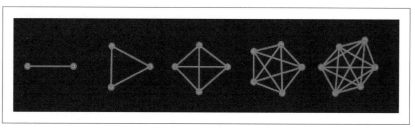

図12-1　都市の数が2から6までの場合における都市間の経路の数

　都市が2または3つの場合、経路は1つしかありません。都市が4つになると、他の3都市を移動した後に次の都市へ移動すればいいので、3都市の経路に3を掛けた経路、つまり3つの経路があります。都市が5つになると、他の4都市を移動した後に次へ移動するので、4都市の場合の経路の数に4を掛けた12が経路の数になります。パターンが見えてきませんか？ 都市がn個の場合、経路の数は以下の通りです。

$$\frac{(n-1)!}{2}$$

　したがって都市の数が10の場合、経路の数は181,440です。20になると60,822,550,204,416,000です。6京の次はいくつになるでしょうか？ いくらコンピュータが100万もの経路を1秒で計算できたとしても、すべて計算するまでに2,000年もかか

ることになります。これではあまりに遅すぎます。もっと早く答えを見つけられる方法が必要です。

12.2.1 遺伝的アルゴリズムを使う

メッセージ推測プログラムと同じように、「遺伝子」として経路を持つオブジェクトを用意して、経路の短さを高得点とするようなプログラムを作ることにします。点の高いルートをランダムに変化させて、そのルートの点数を計算します。「最適な経路」をいくつか選んでリストとしてつなぎ合わせ、「子孫」の経路の点数を計算していきます。この問題のポイントは、答えが事前には**わからない**という点です。都市の数とその位置をあらかじめ決めておいてから最適な経路を見つけることも、完全にランダムに都市を置いてから経路を見つけることもできます。

Processingの新しいスケッチをオープンしてtravelingSalespersonという名前で保存します。まずCityオブジェクトを作成できるようにします。それぞれの都市にはx, y座標と、都市を識別する番号を持たせます。この番号を使うことで都市間の経路をリストとして定義できます。たとえば[5, 3, 0, 2, 4, 1]の場合、都市5から初めて都市3へ移動し、次に都市0へ移動するといった具合です。ルールとして、セールスマンは必ず最後には最初の都市に戻らなければいけません。Cityクラスは**例12-5**のようになります。

例12-5 巡回セールスマン問題のためのCityクラス　　**travelingSalesperson.pyde**

```
class City:
    def __init__(self, x, y, num):
        self.x = x
        self.y = y
        self.number = num   # 識別用の番号

    def display(self):
        fill(0, 255, 255)   # スカイブルー
        ellipse(self.x, self.y, 10, 10)
        noFill()
```

Cityクラスの初期化では、City固有のx, y座標をオブジェクト自身（self）のx, y座標として持つようにします。また、都市を識別する番号も必要です。display()

メソッドでは都市を表す色（今回は青系にしました）を決めて、都市の位置に対応する座標に四角形を描きます。都市の四角形を描いた後は他の図形を描くことがないので、noFill()関数を呼んで色の指定を無効化しています。

　では動作確認してみます。setup()を作り、ディスプレイウィンドウのサイズを決めた後、Cityクラスのインスタンスを1つ作ります。オブジェクトの作成時には、**例12-6**のようにx, y座標と都市の番号を表す数字の3つを指定する必要があることに注意してください。

例12-6　setup()関数で都市を1つ作る

```
def setup():
    size(600, 600)
    background(0)
    city0 = City(100, 200, 0)
    city0.display()
```

このコードを実行すると（**図12-2**のように）1つ目の都市が表示されます！

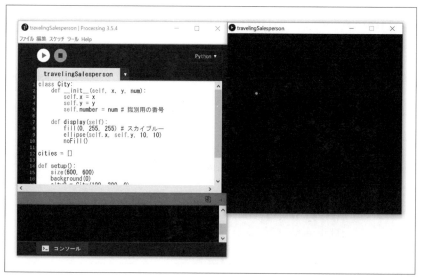

図12-2　最初の都市

　都市の上に都市の番号を表示しておくとわかりやすくなるでしょう。そこで

display()メソッドの中、noFill()を呼び出す直前に以下のコードを足します。

```
textSize(20)
text(self.number, self.x - 10, self.y - 10)
```

テキストのサイズはProcessingの組み込み関数textSize()を使って指定します。
続いてtext()関数を使って、画面に表示する文字（都市の番号）と表示位置（都市の
座標から左に10ピクセル、上に10ピクセル）を決めます。都市は複数作ることになる
ので、citiesリストを用意しておいて、さらにいくつかランダムな位置にある都市を
追加しておきます。randomモジュールにある関数を使えるようにするには、ファイル
の先頭でrandomモジュールをインポートしておく必要があります。

```
import random
```

変更後のsetup()は**例12-7**のようになります。

例12-7　6個のランダムな都市を作るよう
　　　　setup()関数を変更　　　　　　　　　　　　　　　　　**travelingSalesperson.pyde**

```
cities = []

def setup():
    size(600, 600)
    background(0)
    for i in range(6):
        cities.append(City(random.randint(50, width - 50),
                           random.randint(50, height - 50), i))

    for city in cities:
        city.display()
```

setup()関数ではループを6周して、ウィンドウの外周から50ピクセル離れたエリ
ア内でランダムな位置にあるCityオブジェクトをリストに追加しています。続くルー
プではcitiesリストを走査して、**図12-3**のようにランダムな位置にある6つの都市を
都市番号とともに画面に表示しています。

図12-3　都市番号とともに表示された6つの都市

　次は都市間の経路について考えます。(*x, y*座標と番号を持った) Cityオブジェクト
をcitiesリストに追加しているので、数字のリスト (今回の「遺伝的要素」) を作れば、
リスト内に並んだ都市と対応付けることができます。そこで、ランダムな数字リストを
持ったRouteオブジェクトを用意します。このオブジェクトの数字リストは、すべて
の都市の番号をランダムに並べたものです。当然ながらこのリストに入る数字は0から
(都市の数−1)の間の数です。また、都市の数を変えるときにコードをあちこち変更し
たくないので、専用の変数を用意することにします。Cityクラスを定義しているコー
ドよりも前に以下のコードを追加します。

```
N_CITIES = 10
```

　N_CITIESとすべて大文字にしているのは、この値をコードの途中で変更するつも
りがないからです。つまりこの値は実質的には変数ではなくて定数です。Pythonでは
大文字名の変数を定数とみなすという慣習がありますが、大文字にしたからといって
Pythonでの扱いが変わるわけではありません。大文字名の変数であっても、その値を
変更することができてしまうので注意してください。

　都市の総数を表す場合にはこのN_CITIESを使うことができます。そのため、この
値を変えるだけですべての処理を変更できるわけです！ **例12-8**のコードをCityクラ

スの後に追加します。

例12-8 Routeクラス

```
class Route:
    def __init__(self):
        self.distance = 0
        # 都市をランダムにリストへ追加:
        self.cityNums = random.sample(list(range(N_CITIES)),
                                      N_CITIES)
```

まず、経路の距離 (長さlengthはProcessingのキーワードなのでdistanceを使います) を0に初期化して、cityNumsリストに都市の番号をランダムに埋めておきます。

randomモジュールのsample()関数を使うと、指定したリストの中から指定した個数の要素をランダムに選択したリストを作ることができます。この機能はchoice()と似ていますが、sample()は同じ要素を2回以上選ばないという違いがあります。確率論ではこれを「非復元抽出 (sampling without replacement)」と呼びます。IDLEを起動してこの抽出機能を確認してみましょう。

```
>>> n = list(range(10))
>>> n
[0, 1, 2, 3, 4, 5, 6, 7, 8, 9]
>>> import random
>>> x = random.sample(n, 5)
>>> x
[2, 0, 5, 3, 8]
```

range(10)として作った0から9までの数字をリストnに変換しています (このrange(10)は「ジェネレータ (generator)」と呼ばれます)。そしてrandomモジュールをインポートしてsample()を使えるようにした後、リストnから5つの要素を選んで、新しいリストxとして保存しています。**例12-8**のRouteのコードでは値が10の変数N_CITIESを使っていたので、range(10)で0から10までの数を作ってからそれをリストにした後、ランダムに10個選んだものをRouteのcityNumsプロパティに割り当てています。

ではこれをどうやって画面に表示しましょう？ 今回は都市間を紫の直線で結ぶこと

にします。この色は違う色にしてもかまいません。

　都市の間の経路を線で結ぶという処理は、代数または三角関数の章（4章と6章）にあったグラフ上の点を結ぶ処理と似たものです。唯一異なるのは、グラフの終点まで進んだら最初の点に戻らないといけないというところです。第6章にあった beginShape と vertex と endShape のことを覚えているでしょうか？　直線で結んだ形を描いた時と同じように Route オブジェクトを外枠として描けばいいわけですが、今回は内側を塗りつぶしません。endshape(CLOSE) とするだけで自動的に終点と始点を結んでくれます！　Route クラスに**例12-9**を追加しましょう。

例12-9　Route クラスに display メソッドを追加

```
def display(self):
    strokeWeight(3)
    stroke(255, 0, 255)   # 紫
    beginShape()
    for i in self.cityNums:
        vertex(cities[i].x, cities[i].y)
        # 都市と都市の番号を表示
        cities[i].display()
    endShape(CLOSE)
```

　ここにあるループでは、Route の cityNums リストにある都市の座標を多角形の頂点としています。なお Route クラスの display() メソッドの中で City の display() メソッドを呼び出していることに注意してください。そのため、都市を別のコードで表示させる必要がなくなっています。

　setup() 関数では cities リストに都市の数（N_CITIES）だけ要素を追加した後、Route オブジェクトを1つ作って表示するようにします。変更後のコードは**例12-10**のようになります。

例12-10　経路を表示する

```
def setup():
    size(600, 600)
    background(0)
    for i in range(N_CITIES):
        cities.append(City(random.randint(50, width - 50),
                           random.randint(50, height - 50), i))
```

```
route1 = Route()
route1.display()
```

このコードを実行すると、**図12-4**のようにランダムな都市を結んだ線が表示されます。

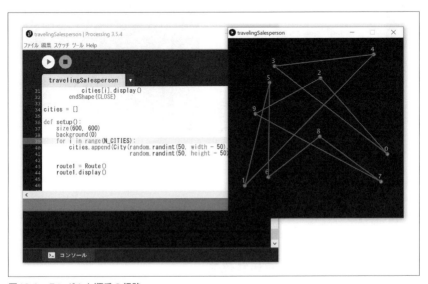

図12-4　ランダムな順番の経路

都市の数を変えるには、単に`N_CITIES`の値を変えるだけで済みます。**図12-5**は`N_CITIES = 7`とした場合です。

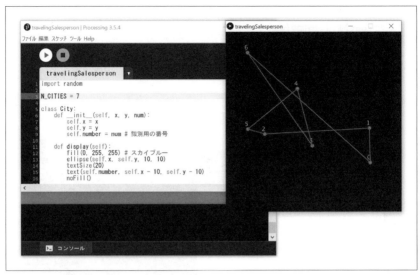

図12-5　7つの都市の経路

　以上で経路を作って表示できるようになったので、次は経路の距離を計算する関数を作りましょう。

12.2.2　calcLength()関数を作る

　Routeオブジェクトには、オブジェクトの作成時に0で初期化されるプロパティdistanceを用意してあります。また、それぞれのRouteは経路順に並んだ都市のリストをcityNumsというプロパティとして持っています。そのため、cityNumsリストを走査して、各都市間の距離の総和を求めればいいわけです。なお最後の順番の都市と、最初の都市との距離も計算する必要があることに注意してください。

　Routeクラスの中に、**例12-11**で示したcalcLength()メソッドを追加しましょう。

例12-11　Routeの距離を計算する

```
def calcLength(self):
    self.distance = 0
    for i, num in enumerate(self.cityNums):
    # 1つ前の都市との距離を計算
        self.distance += dist(cities[num].x,
                              cities[num].y,
```

```
                              cities[self.cityNums[i - 1]].x,
                              cities[self.cityNums[i - 1]].y)
            return self.distance
```

　まず、このメソッドが呼ばれるたびに毎回Routeの`distance`プロパティを0に初期化するようにします。そして`enumerate()`を使って、`cityNums`リスト内の値だけでなく、インデックスもわかるようにしておきます。そして現在の都市（`num`）と、リストの1つ前の都市（`self.cityNums[i-1]`）との距離の総和を計算します。続いて`setup()`の最後に次の行を追加します。

```
    println(route1.calcLength())
```

　これで**図12-6**のようにセールスマンの総移動距離がわかるようになりました。

図12-6　おそらく…距離が計算できました

　正しく計算できているのでしょうか？ 確認してみましょう。

12.2.3　calcLength()メソッドの動作確認

　辺の長さが200の正方形を経路にするような簡単な例を使って、距離を計算してみましょう。まず都市の数を表す定数を4に変更します。

```
N_CITIES = 4
```

　次に`setup()`関数を**例12-12**のように変更します。

例12-12　calcLength()メソッドのテスト用にRouteを手で作成する

```
cities = [City(100, 100, 0), City(300, 100, 1),
          City(300, 300, 2), City(100, 300, 3)]
```

```
def setup():
    size(600, 600)
    background(0)
    """for i in range(N_CITIES):
        cities.append(City(random.randint(0, width),
                            random.randint(0, height), i))"""
    route1 = Route()
    route1.cityNums = [0, 1, 2, 3]
    route1.display()
    println(route1.calcLength())
```

　calcLength() メソッドを確認した後にまた元に戻すつもりなので、都市をランダムに作る部分のコードをトリプルクォートで囲うことにより文字列化し、一旦実行されないようにしています。cities リストには辺の長さ200の正方形の頂点を追加します。また、route1のcityNums も宣言しています。もし宣言しないままにしてしまうと、ランダムな順番で経路が結ばれてしまいます。計算が正しければ、このRouteの距離は800です。

　コードを実行すると**図12-7**のようになります。

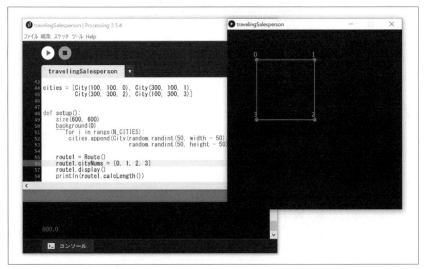

図12-7　calcLength()メソッドはうまく動いている！

　予想通り800になりました！ 他にも三角形や簡単に確認できる経路で計算してみる

とよいでしょう。

12.2.4 ランダムな経路

　最短経路を見つけられるようにするには、可能性のあるすべての経路を見つけ出さなければいけません。そのためには無限ループが必要になりますが、代わりにProcessingの組み込み関数draw()を使うことにします。また、ランダムな経路を何度も作って、その距離をコンソールに表示させるようにします。全体のコードは**例12-13**のようになります。

例12-13　ランダムな経路を作って表示する　　　　　　　　**travelingSalesperson.pyde**

```
import random

N_CITIES = 10

class City:
    def __init__(self, x, y, num):
        self.x = x
        self.y = y
        self.number = num    # 識別用の番号

    def display(self):
        fill(0, 255, 255)    # スカイブルー
        ellipse(self.x, self.y, 10, 10)
        textSize(20)
        text(self.number, self.x - 10, self.y - 10)
        noFill()

class Route:
    def __init__(self):
        self.distance = 0
        # 都市をランダムにリストへ追加：
        self.cityNums = random.sample(list(range(N_CITIES)), N_CITIES)

    def display(self):
        strokeWeight(3)
        stroke(255, 0, 255)    # 紫
        beginShape()
```

```
        for i in self.cityNums:
            vertex(cities[i].x, cities[i].y)
            # そして都市と都市の番号を表示
            cities[i].display()
        endShape(CLOSE)

    def calcLength(self):
        self.distance = 0
        for i, num in enumerate(self.cityNums):
        # 1つ前の都市との距離を計算
            self.distance += dist(cities[num].x,
                                  cities[num].y,
                                  cities[self.cityNums[i - 1]].x,
                                  cities[self.cityNums[i - 1]].y)
        return self.distance

cities = []

def setup():
    size(600, 600)
        for i in range(N_CITIES):
            cities.append(City(random.randint(50, width - 50),
                               random.randint(50, height - 50), i))

def draw():
    background(0)
    route1 = Route()
    route1.display()
    println(route1.calcLength())
```

　このコードを実行するとランダムな経路が表示され、その都度コンソールには経路の距離が出力されます。

　しかし必要なのは最善の（最短の）距離だけなので、最短経路（bestRoute）を保存しておいて、新しい経路と比較するようなコードを追加しましょう。setup()とdraw()を**例12-14**のように変更します。

例12-14　ランダムな変更をカウントする

```
cities = []
```

```
random_improvements = 0
mutated_improvements = 0

def setup():
    global best, record_distance
    size(600, 600)
    for i in range(N_CITIES):
        cities.append(City(random.randint(50, width - 50),
                        random.randint(50, height - 50), i))
    best = Route()
    record_distance = best.calcLength()

def draw():
    global best, record_distance, random_improvements
    background(0)
    best.display()
    println(record_distance)
    println("random: " + str(random_improvements))
    route1 = Route()
    length1 = route1.calcLength()
    if length1 < record_distance:
        record_distance = length1
        best = route1

    random_improvements += 1
```

setup()関数の前に、ランダムに変更を行った回数をカウントする変数を追加します。また、部分的な変更を加えた回数をカウントする変数をあらかじめ追加しておきます。

setup()関数では1つ目のRouteをroute1という名前で作ります。これが最初の「最善の経路」なので、最初のbestにして、その距離をrecord_distanceとします。これらの変数は他の関数でも使うことになるので、関数の開始直後でグローバル変数として宣言します。

draw()関数では新しいランダムな経路を繰り返し作り出して、それまでの最善の経路と比較します。今のところ都市の数が10しかないので、この方法でもしばらく実行し続けていれば最善の経路を見つけることができます。およそ12回程度の改善で結果が出るはずです。ただし都市の数が10の場合、ユニークな経路はわずか181,400しか

ないことに注意してください。**図12-8**は10都市の経路を表しています。

　しかし都市の数を20にしてみると、プログラムが何日も動き続けて、それでもまだ答えが出ないような状況になります。そこでこの章のメッセージ予想プログラムでも説明したような、最善の経路を部分的に変更させる方法をとります。これまでとは違って、最善の経路用の「交配プール」を作り、経路リストとプール内のリストをあたかも遺伝子のように組み合わせるようにします。

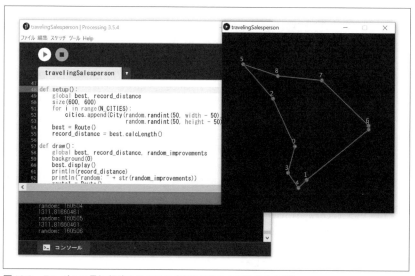

図12-8　ランダムに最短経路を見つける（結果が出るまで数分かかる）

12.2.5　メッセージ予想プログラムのテクニックを応用する

　数のリスト（セールスマンが巡回する都市の訪問順序）がRouteの遺伝子的な役割を果たします。まず（メッセージ予想プログラムと同じように）ランダムに部分変化させた経路が巡回セールスマン問題の答えかどうかを確認します。続いて経路を部分的に変化させてから、点の高い経路同士を「交配」させて（うまくいけば）より高得点の経路を作るようにします。

12.2.6　2つの数のリストを交配させる

　2つのRouteオブジェクトのcityNumsリストをランダムに交配させるメソッドを作ります。このメソッドは単に言葉通り、入れ替えをするだけです。予想できた人もい

るかもしれませんが、2つの数をランダムに選んで、これらのインデックスにある都市
同士を入れ替えます。

　Pythonには2つの数を入れ替える独特の記法があり、一時的な変数を作らなくても
入れ替えできます。たとえばIDLEで**例12-15**のコードを入力してもうまく動かないこ
とがわかります。

例12-15　変数の値を入れ替えられない間違ったコード

```
>>> x = 2
>>> y = 3
>>> x = y
>>> y = x
>>> x
3
>>> y
3
```

　xの値とyの値をx ＝ yというコードで入れ替えようとしても、両方の値が3になり
ます。その後にyの値をxの値にしようとしてもxは元の値 (2) ではなく、3になってし
まっています。そのため、結局どちらの変数も3になります。

　ところが以下のようにすると1行で値を入れ替え**られます**。

```
>>> x = 2
>>> y = 3
>>> x, y = y, x
>>> x
3
>>> y
2
```

　この記法を使うと、まさにこれから実装しようとしていた交配の機能を簡単に作るこ
とができます。2つの数を入れ替えるだけではなく、複数の都市を入れ替えたりするこ
ともできます。ループの中で入れ替えをすることで、都市の番号をランダムに選んで2
つの都市を入れ替え、さらに次のループで別の2つの都市を入れ替えるといったことが
できます。mutateN()メソッドのコードは**例12-16**のようになります。

例12-16　複数の都市を交配する、Route クラスの mutateN() メソッド

```
def mutateN(self, num):
    indices = random.sample(list(range(N_CITIES)), num)
    child = Route()
    child.cityNums = self.cityNums[::]
    for i in range(num - 1):
        child.cityNums[indices[i]], child.cityNums[indices[(i + 1) % num]] = \
            child.cityNums[indices[(i + 1) % num]], child.cityNums[indices[i]]
    return child
```

　mutateN() メソッドには入れ替える都市の数を指定する引数 num を指定します。そして都市の番号のリストからランダムに選んだインデックスのリストと、「子」の Route オブジェクトを作り、都市のリストを子にコピーします。それから num − 1回入れ替えを繰り返します。もし num 回入れ替えてしまうと、最初に入れ替えた都市が再び入れ替えられてしまうので、元と同じ状態に戻ってしまいます。

　長い1行は実際には先ほど説明をした a, b = b, a の構文になっていて、cityNums リストの中にある2つの値を入れ替えているだけです。剰余演算子 (%) はランダムに選んだ都市のインデックスが num を越えないようにするためのものです。つまりたとえば i が4のときに i + 1が5になるので、5 % 4とすることで1とすることができるわけです。

　そして**例12-17**のように、draw() 関数の最後で最善の Route を部分的に変化させて、その距離の長さをチェックするようにします。

例12-17　最善の「個体」を部分的に変化させる

```
def draw():
    global best, record_distance, random_improvements
    global mutated_improvements
    background(0)
    best.display()
    println(record_distance)
    println("random: " + str(random_improvements))
    println("mutated: " + str(mutated_improvements))
    route1 = Route()
    length1 = route1.calcLength()
    if length1 < record_distance:
```

```
        record_distance = length1
        best = route1
        random_improvements += 1

    for i in range(2, 6):
        # 新しいRouteを作成
        mutated = Route()
        # 新しいRouteの経路リストに最短経路を設定
        mutated.cityNums = best.cityNums[::]
        mutated = mutated.mutateN(i)   # 経路リストを部分的に変化させる
        length2 = mutated.calcLength()
        if length2 < record_distance:
            record_distance = length2
            best = mutated
            mutated_improvements += 1
```

　for i in range(2, 6):ループでは、numberリストを2つから5つまで変化さ
せて結果をチェックしています。そうすると**図12-9**のように、都市の数が20であって
も何分も待たずに結果が出るようになります。

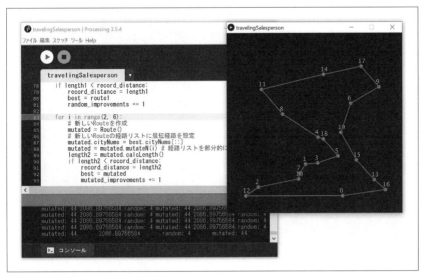

図12-9　都市の数が20の場合の経路

「個体」を部分的に変化させるようにすると、完全なランダムよりもかなりいい結果が

短い時間で得られるようになります！結果はたとえば**図12-10**のようになるでしょう。

```
random: 1
mutated: 29
```

図12-10　ランダムに改善していくよりも部分的に改善した方が効率的！

図12-10はすべての改善方法の実施回数を表していて、Routeを完全にランダムに作り替えたのはわずか1回だったことに対して、部分的な変更を29回も行っていたことがわかります。つまり部分的な変更の方がランダムに作り替えるよりも効率的だということがわかります。以下の行を変更して、2から10個の都市を入れ替えて変更させるようにするとどうなるでしょうか。

```
for i in range(2, 11):
```

都市の数が20でも30でも性能が上がることがわかりますが、**図12-11**のように最適化されていない状態のまましばらく動かない状態が続くことが多くなります。

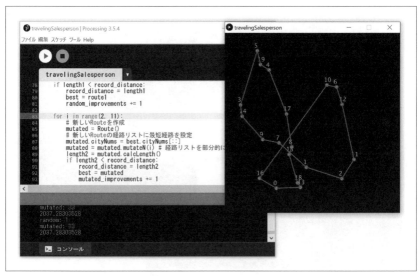

図12-11　都市の数が30のときに最適化されていない状態で止まっている状態

最後の改善として、プログラムを完全に遺伝的にしましょう。経路の候補をある時点

までの最善の経路だけに限定せず、あらゆる経路を検討するようにします。

任意の数の経路を含んだリストpopulation（個体群）を作り、「一番相性のいい」ものを選んで数のリストを交配させることで、うまくいけばさらに優秀な経路を作り出せるはずです！ **例12-18**のように、setup()の前、citiesリストの後ろにpopulationリストと経路の数を表す定数を追加します。

例12-18 populationリストとその数を表す変数を用意する

```
cities = []
random_improvements = 0
mutated_improvements = 0
population = []
POP_N = 1000   # 経路の数
```

まず空のpopulationリストを作り、経路の総数を表す変数を初期化しています。setup()関数内では、**例12-19**のようにしてpopulationリストにPOP_N個の経路を追加しています。

例12-19 経路の個体群を作る

```
def setup():
global best, record_distance, first, population
    size(600, 600)
    for i in range(N_CITIES):
        cities.append(City(random.randint(50, width-50),
                           random.randint(50, height-50), i))
    # populationリストに個体を追加
    for i in range(POP_N):
        population.append(Route())
    best = random.choice(population)
    record_distance = best.calcLength()
    first = record_distance
```

populationリストをグローバル変数として宣言していることに注意してください。populationリストには、for i in range(POP_N)というコードでPOP_N個の経路を追加しています。その後、リストの中からランダムに1つ選んだ経路を最善の個体とみなします。

12.2.7　経路を改善するために交配させる

　draw()関数では、一番距離の短いRouteオブジェクトが先頭に来るように
populationリストをソートします。そしてcrossover()という関数を作り、
cityNumsリスト同士がランダムな位置で接合するようにします。具体的にはたとえば
以下のようになります。

```
a: [6, 0, 7, 8, 2, 1, 3, 9, 4, 5]
b: [1, 0, 4, 9, 6, 2, 5, 8, 7, 3]
インデックス: 3
c: [6, 0, 7, 1, 4, 9, 2, 5, 8, 3]
```

　「両親」がリストaとリストbです。インデックスはランダムに3とします。そしてリ
ストaがインデックス2（7）とインデックス3（8）の間で切り離されるので、子のリスト
は[6, 0, 7]で始まることになります。切り離されたリストに含まれていない残りの
数はもう一方の親、つまりリストbに並んだ順番通り、[1, 4, 9, 2, 5, 8, 3]の
リストとします。これら2つのリストを連結したものが子のリストになります。**例12-20**
がcrossover()メソッドのコードです。

例12-20　Routeクラスにcrossover()メソッドを追加

```
def crossover(self, partner):
    """パートナー同士の遺伝子を接合する"""
    child = Route()
    # 切り離す位置をランダムに選択
    index = random.randint(1, N_CITIES - 2)
    # 切り離す位置までの数を追加
    child.cityNums = self.cityNums[:index]
    # 1/2の確率で反転
    if random.random() < 0.5:
        child.cityNums = child.cityNums[::-1]
    # 切り離されたリストには含まれない数のリスト
    notinslice = [x for x in partner.cityNums if x not in child.cityNums]
    # このリストを末尾に追加
    child.cityNums += notinslice
    return child
```

　crossover()メソッドにはpartner、つまりもう一方の親が必要です。childの

経路を作った後、切り離しが起こる位置のインデックスをランダムに選びます。一方の親のリストの前半を受け継いだ後、遺伝的多様性を表すために1/2の確率でリストを逆順にします。そしてまだ子のリストに含まれていない数をもう一方の親から順番通りに取り出してリストにします。最後にこのリストを追加した後、childを返します。

draw()関数では、一番距離の短い経路をpopulationリストから見つける必要があります。前と同じように、毎回それぞれチェックしないといけないのでしょうか? ありがたいことにPythonにはsort()という関数があり、populationリストをcalcLength()を使ってソートすることができます。そうするとリストの先頭にあるRouteが一番距離が短いというわけです。最終的にはdraw()関数のコードは**例12-21**のようになります。

例12-21 draw()関数の完成形

```python
def draw():
    global best, record_distance, population
    background(0)
    best.display()
    println(record_distance)
    # println(best.cityNums)  # コメントアウトを解除すると都市間の経路を
                              # 実際に確認できる!
❶  population.sort(key = Route.calcLength)
    population = population[:POP_N]   # populationのサイズを制限
    length1 = population[0].calcLength()
    if length1 < record_distance:
        record_distance = length1
        best = population[0]

    # population内の経路を接合
❷  for i in range(POP_N):
        parentA, parentB = random.sample(population, 2)
        # 再生成:
        child = parentA.crossover(parentB)
        population.append(child)
        # best内の経路に対してmutateNを呼ぶ
❸  for i in range(3, 25):
        if i < N_CITIES:
            new = best.mutateN(i)
            population.append(new)
```

```
        # population内のRouteに対してランダムにmutateNを呼ぶ
❹   for i in range(3, 25):
        if i < N_CITIES:
            new = random.choice(population)
            new = new.mutateN(i)
            population.append(new)
```

❶で sort() 関数を使ってから、populationリストの末尾（一番距離が長い経路）をリストから削除しているので、リストには POP_N 個の経路が残ることになります。そして population リストの先頭を調べて、これまでの最短経路よりも短いかどうかをチェックします。次に population 内の2つの経路をランダムに選んでそれぞれの cityNums リストを交配し、結果として得られた child を population リストに追加します❷。❸では現時点の最短経路（best）を部分的に変化させて、3個から25個までの間（ただし都市の数を超えない値までの間）でランダムに入れ替えたリストを作ります。最後に、population リストからランダムに選んだリストを部分的に変化させて、距離が短くならないかどうか試しています❹。

そして経路の個体数を10,000とすると、都市の数が100であってもかなり良い具合に最短経路を見つけ出せることがわかります。**図12-12**からは初期に距離26,000だったものが4,000以下にまでなったことが確認できます。

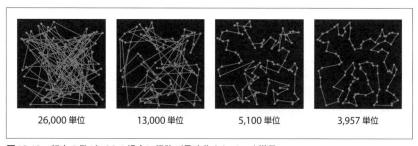

| 26,000 単位 | 13,000 単位 | 5,100 単位 | 3,957 単位 |

図12-12　都市の数が100の場合に経路が最適化されていく様子

かかった時間は「わずか」30分程度です！

12.3 まとめ

　この章では、数学の授業のように既に答えがわかっているような問題だけではないものも Python を使って解くことができました。間接的な方法（文字数の点数付けや、複数の都市の移動距離）だけを使うことで、答えがわからない問題の答えを見つけ出すことができました！

　そこでは、生物が遺伝子を変質させたり、優秀な遺伝子を優先して遺伝させるといった性質を真似ることによって、問題をより簡単に解くことができました。この章の最初の例ではあらかじめ秘密のメッセージがわかっていましたが、都市の最短経路を見つける問題では、答えがわかるまでに何度も都市の座標を保存したり、プログラムを何度も実行したりする必要がありました。これこそが遺伝的アルゴリズムです。つまり実際の生物と同じで、最初の状態からたどり着けるところまでしかたどり着けず、場合によっては最適な状態にはならないこともあります。

　とはいえ、これらの間接的な方法は機械学習（マシンラーニング）や工業プロセスなどにおいては驚異的な効果を発揮します。方程式は非常に単純な関係を表す場合には有効ですが、たいていはそれほど単純な状況にはなりません。これまでに学習した「羊と牧草」モデルやフラクタル、セルオートマトン、そして遺伝的アルゴリズムはいずれも、非常に複雑なシステムを学習したりモデル化したりする際に大変役立つことでしょう。

●著者紹介

Peter Farrell (ピーター・ファレル)

ケニアにおける Peace Corps[*1] のボランティアからスタートして、数学教師を8年務めました。その後はコンピュータサイエンスの教師を3年務めました。シーモア・パパート (Seymour Papert) 氏の著書『Mindstorms』を読み、生徒から Python のことを聞いてからはプログラミングを数学の授業に取り込む方法を模索するようになりました。現在は数学をより深く、より面白く、より高度に学習できるようコンピュータを活用することに興味を引かれています。

●技術査読者紹介

Paddy Gaunt (パディ・ゴーント)

IBM PC や MS DOS が生まれて間もない頃に工学科を卒業しました。彼はこれまでのキャリアにおいて、数学的あるいは技術的な概念をソフトウェアとして実装することに大半を費やしてきました。近年、彼は pi3d という、作成当初は Rasberry Pi 上で動作することを想定していた3Dグラフィック用の python モジュールの主任開発担当となったこともあり、ケンブリッジ大学 (イギリス) とよく連絡を取り合っています。

●訳者紹介

鈴木 幸敏 (すずき ゆきとし)

基本的に新しいテクノロジには興味を持つ。主にデスクトップアプリケーションの開発に携わる日々を過ごしている。
2003年　千葉大学理学部情報数理学科卒業
2005年　千葉大学大学院自然科学研究科数学・情報数理学専攻卒業
訳書に『コンピュータサイエンス探偵の事件簿』『プログラミング C# 第7版』『C# クックブック 第3版』『プログラミング F#』(オライリー・ジャパン) など。

---

*1　訳注：アメリカのボランティア団体

●査読協力

大橋 真也（おおはし しんや）
千葉大学理学部数学科卒業、千葉大学大学院教育学研究科修士課程修了
千葉県公立高等学校教諭
大学非常勤講師、Apple Distinguished Educator、Wolfram Education Group、日本数式処理学会、CIEC（コンピュータ利用教育学会）
現在、千葉県立千葉中学校・千葉高等学校 数学科 教諭
著書に『入門Mathematica 決定版』（東京電機大学出版局）、『ひと目でわかる最新情報モラル』（日経BP）などが、訳書に『Rクイックリファレンス』、監訳書に『Head First データ解析』、『アート・オブ・R プログラミング』、『RStudioではじめるRプログラミング入門』、『Rによるテキストマイニング』、『Rクックブック第2版』、技術監修書に『Rではじめるデータサイエンス』（以上すべてオライリー・ジャパン）がある。

鈴木 駿（すずき はやお）
電気通信大学 情報理工学研究科 総合情報学専攻 博士前期課程修了。修士（工学）。
現在は株式会社アイリッジにてスマートフォンアプリのバックエンドサーバーの開発を行っている。
Twitter：@CardinalXaro　　Blog：https://xaro.hatenablog.jp/

藤村 行俊（ふじむら ゆきとし）

Pythonではじめる数学の冒険

プログラミングで図解する代数、幾何学、三角関数

2020年11月12日　　　初版第 1 刷発行

著　　　　者	Peter Farrell (ピーター・ファレル)	
訳　　　　者	鈴木 幸敏 (すずき ゆきとし)	
発　行　人	ティム・オライリー	
制　　　作	ビーンズ・ネットワークス	
印刷・製本	日経印刷株式会社	
発　行　所	株式会社オライリー・ジャパン	
	〒160-0002　東京都新宿区四谷坂町12番22号	
	Tel　(03)3356-5227	
	Fax　(03)3356-5263	
	電子メール　japan@oreilly.co.jp	
発　売　元	株式会社オーム社	
	〒101-8460　東京都千代田区神田錦町3-1	
	Tel　(03)3233-0641 (代表)	
	Fax　(03)3233-3440	

Printed in Japan (ISBN978-4-87311-930-4)
乱丁本、落丁本はお取り替え致します。